普通高等教育“十一五”国家级规划教材

（高职高专教育）

作物生产综合训练

薛全义 主编

中国农业大学出版社

编写人员

主　　编　薛全义　辽宁农业职业技术学院

副 主 编　王守国　黑龙江生物科技职业学院

　　　　　丁爱华　辽宁职业学院

　　　　　姚文秋　黑龙江农业职业技术学院

参编人员　王润珍　辽宁农业职业技术学院

　　　　　于咏梅　黑龙江农业职业技术学院

　　　　　冯云选　辽宁农业职业技术学院

　　　　　杨　志　辽宁农业职业技术学院

主　　审　蒋锦标　辽宁农业职业技术学院

　　　　　齐　华　沈阳农业大学

出版说明

高等职业教育作为高等教育中的一个类型，肩负着培养面向生产、建设、服务和管理第一线需要的高技能人才的使命。大力提高人才培养的质量，增强人才对于就业岗位的适应性已成为高等职业教育自身发展的迫切需要。教材作为教学和课程建设的重要支撑，对于人才培养质量的影响极为深远。随着高等农业职业教育发展和改革的不断深入，对于教材适用性的要求也越来越高。中国农业大学出版社长期致力于高等农业教育本科教材的出版，在高等农业教育领域发挥着重要的作用，积累了丰富的经验，希望充分利用自身的资源和优势，为我国高等职业教育的改革与发展做出自己的贡献。

经过深入地调研师生的需求和分析以往教材的优点和不足，在教育部高教司高职高专处和全国高职高专农林牧渔类专业教学指导委员会的关心和指导下，在各高职高专院校的大力支持下，中国农业大学出版社组织了全国 50 余所院校的 400 多名骨干教师共同编写了一批以"十一五"国家级规划教材为主体的教材。这批教材于 2007 年 3 月陆续出版，共有 60 多个品种(畜牧兽医类 33 种，种植类 26 种，公共基础课等课程教材若干种)，其中普通高等教育"十一五"国家级规划教材 22 种。

这批教材的组织和编写具有以下特点：

精心组织参编院校和作者。本批教材的组织之初共收到全国 60 余所院校的 600 余名老师的申报材料。经过由职业院校和出版社专家组成的选题委员会审议，充分考虑到不同院校的办学特色、专业优势及地域特点，结合教师自身的学习培训背景、教学与科研经验和生产实践经历，最后择优确定了 50 余所院校的 400 多名教师作为主编和编写人员，其中教授和副教授占 73%，硕士以上学历占 38%。特别值得一提的是，有 5%的作者是来自企业生产第一线的技术人员，这样的作者结构是编写高质量和适用性教材的有力保证。

贴近国家高职教育改革的要求。我国的高等职业教育发展历史不长，很多院校的办学模式和教学理念还在探索之中。为了更好地促进教师了解和领会教育部的教学改革精神，在编写研讨会上邀请了教育部高教司高职高专处、全国高职高专农林牧渔类专业教学指导委员会的领导作教学改革的报告，提升主编和编写人员的理念；多次邀请教育部职业教育研究所的知名专家到会，专门就课程设置和教材的体系建构作报告，使教材的编写视角高、理念新、有前瞻性。

注重反映教学改革的成果。教材应该不断创新，与时俱进。好的教材应该及时体现教学改革的成果，同时也是教育教学改革的重要推进器。本套教材在组织过程中特别注重发掘各校在产学结合、工学交替实践中具有创新性的教材素材，很多教材在围绕就业岗位需要进行知识的整合、与实际生产过程的接轨上具有创新性和非常鲜明的特色，相信对于其他院校的教学改革会有启发和借鉴意义。

瞄准就业岗位群需要，突出职业能力的培养。本批教材的编写指导思想是紧扣培养"高技能人才"的目标，以职业能力培养为本位，以实践技能培养为中心，体现就业和发展需求相结合的理念。

教材体系的构建依照职业教育的"工作过程导向"原则，打破学科的"系统性"和"完整性"。内容根据职业岗位（群）的任职要求，参照相关的职业资格标准，采用倒推法确定，即剖析职业岗位群对专业能力和技能的需求—→关键能力—→关键技能—→围绕技能的关键基本理论。删除假设推论，减少原理论证，尽可能多地采用生产实际中的案例剖析问题，加强与实际工作的接轨。教材反映行业中正在应用的新技术、新方法，体现实用性与先进性的结合。

创新体例，增强启发性。为了强化学习效果，在每章前面提出本章的知识目标和技能目标。每章设有小结和复习思考题。小结采用树状结构，将主要的知识点及其之间的关联直观表达出来，有利于提高学生的学习效果和效率，也方便教师课堂总结。部分内容增编阅读材料。

加强审稿，企业与行业专家相结合，严把质量关。从选题策划阶段就邀请行内专家把关，由来自企业、高职院校或中国农业大学有丰富的生产实践经验的教授审核编写大纲，并对后期书稿进行严格的审定。每一种教材都经过作者与审稿人的多次的交流和修改，从而保证内容的科学性、先进性和对于岗位的适应性。

本批教材的顺利出版，是全国50余所高职高专院校共同努力的结果；编写出版过程中所做的很多探索，为进一步进行教材研发提供了宝贵的经验。我们希望以此为基点，进一步加强与各校的交流合作，配合各校教学改革，在教材的推广使用、修订完善、补充扩展进程中，在提高质量和增加品种的过程中，不断拓展教材合作研发的思路，创新教材开发的模式和服务方式。让我们共同努力，携手并进，为深化高职高专教育教学改革和提高人才培养质量，培养国家需要的千百万高素质技能型专门人才，发挥积极的推动作用。

中国农业大学出版社
2007年7月

内 容 提 要

本书是普通高等教育“十一五”国家级规划教材。该书根据我国大力发展高等职业技术教育、努力培养技术技能型人才的具体要求而编写，针对我国种植类专业的岗位工作要求，本书从基本技能、作物栽培技能、作物育种技能、种子生产技能、种子检验技能、作物病虫害防治技能六个方面全方位对学生进行实际训练，符合岗位工作实际和具体工作要求，每项技能分别提出了训练目的、训练内容、训练步骤方法及具体考核标准和配分，可以独立设置一门课程单独讲授和训练，也可以作为专业理论教材的辅助课程。学生可以依据本书的具体要求独立自学，自我训练，也可以作为教师的主导实训教材。本书参考了多所农业院校的先进经验，更参考了大量企业一线的意见和要求，因此，训练项目具有较强的实践操作性，更好地适应了作物生产专业工作岗位的要求。

前　言

提高学生动手能力、培养学生实践技能是我国高等职业教育的主要目标，基于此，我们进行了多年的实践教学的探索和研究工作，并编写了适用于作物生产技术专业的《作物生产综合训练》教材。由于本教材特色鲜明，在全国有一定领先性，2006 年顺利入选教育部普通高等教育“十一五”国家级教材规划选题立项。结合当前我国高等农业职业院校的教学实际情况，2007 年我们又广泛吸收了部分学校教学和实践经验丰富的主讲专业教师成立了编委会，编写了这本全国性的普通高等教育“十一五”规划教材。

本教材在编写过程中力求突出以下三个特点：

①独立性：本教材可以作为一门独立课程设置，和理论课一样单独授课、自成体系。

②全面性：本教材内容涵盖了作物生产技术专业的主要技能项目，内容全面具体。

③灵活性：本教材既可以作为教师的教学用书，也可以作为学生的自学自练的指导书，教师授课和学生学习使用起来方便、灵活。

本教材在编写时还注重了两个结合：

①与工作岗位结合：教材中所列训练项目参考了企业工作岗位的实际需要，学生学完就能在工作岗位上使用，密切了理论与实践的结合，缩短了学校与企业的距离。

②与国家职业技能鉴定项目结合：教材中很多项目来自于国家职业技能鉴定项目，完全按照国家职业技能要求标准设置，与农艺工、种子繁育工、农业推广员、植保工等技能工种有很强的针对性，有利于学生学习考取职业技能证书。

本教材由薛全义主编，具体编写分工为：第一单元由薛全义编写，第二单元由姚文秋、薛全义编写，第三单元由王守国编写，第四单元由丁爱华编写，第五单元由于咏梅编写，第六单元由王润珍编写，冯云选、杨志参与了部分内容的编写工作。全书最后由薛全义统稿，王守国和王润珍参与了校对。

本教材在使用中应注意以下五个问题：

①作物生产综合训练课的季节性很强，应尽量把教学内容和理论教学对接起来，安排在最佳季节，以获得最佳效果。

②作物生产综合训练教学内容，在不具备条件的情况下，除应积极创造条件

外，应贯彻时间可串动而内容不能随意更改的原则，以保证整体专业实践教学质量。

③作物生产综合训练各项专业技能训练时间，可在一个学期规定的时间内灵活安排，可集中亦可按天数分散进行。

④作物生产综合训练技能考核是技术性较强的教学活动，应按项目等级标准进行训练，按标准确定考核等级，由多位教师共同完成。

⑤由于各地作物不同，各学校可根据本地实际农业生产情况和本校具体条件，灵活选择训练项目，同时，对每个项目设置更为详细的训练内容、步骤和考核办法，以实现更好的训练效果。

编写实训教材尤其是种植类专业的实训教材是一项难度较大的工作，主要因为各地生产条件差别较大，很难有一个固定模式和制定一套规范的标准。本教材仅仅做了一些初步尝试，尽管在编写中参阅了全国各校的教学经验，也听取了来自企业和生产一线工作人员的意见，仍然会存在诸多问题，恳请各校在使用过程中及时发现、及时总结、及时反馈，以便我们再版时加以修订，为各学校提供更优质、更适用的教材。

编　者

2008 年 1 月

目　录

第一单元　基 本 技 能

主要内容

本单元包括十项技能，分别是作物生产计划的拟订、作物生产常用农具的使用、作物常用农业生产资料准备、主要作物分类及识别、农田土壤耕作及质量检查、作物田间基本情况及苗情调查、作物生产田间营养诊断、农产品生产投入产出及经济效益分析、稻谷碾磨品质分析、作物生产总结。

训练目标

学生能够从宏观上全面地了解农业生产的基本技能，初步掌握农业生产的全过程，并能够在生产中实际操作，顺利指导农业生产。

综合训练一 作物生产计划的拟订

一、训练目的

了解作物生产计划的制定原则;掌握作物生产计划制定的内容;能够结合地区实际情况制定年度作物生产计划。

二、训练场所、用具及材料

(1)训练场所 可以在教室、学院实训基地或其他地方。

(2)用具及材料 纸、笔、过去的生产计划、未来的生产项目。

三、训练内容

作物生产计划,是一个生产部门的短期生产规划,实际上是打算种植什么以及如何种植,为当年的作物生产做好思想上和物质上的准备。

(一)制定生产计划的原则

(1)科学性 制定生产计划要符合党的方针政策和上级指示精神,同时也要符合自然科学规律,使当地的气候资源、土地资源和农业资源得到充分利用。

(2)可行性 制定的计划必须是经过努力可以实现的,在制定计划之前,必须充分调查研究,与当地生产实际相结合,总结历年生产情况、丰产经验及生产存在的问题,使计划建立在切实可行的基础上。计划要留有余地,在执行过程中要根据客观情况的变化随时进行必要的调整,以利于工作的进行。

(3)目标明确、措施具体 对计划要达到的目标,应采取的措施、方法、步骤等都必须表述得十分清楚。

(二)作物生产计划的内容

在符合种植原则的前提下,可编制作物生产计划,计划包括以下内容。

(1)作物名称和种植制度 种植种类,种植面积,前、后茬之间的衔接等。

①有的作物不耐重茬。如豆类作物,种植时应注意换茬。

②时间安排。若一年两季,在热量有限时,应前、后茬两方面兼顾,用一些早熟品种进行调剂。

(2)所需农业生产资料 作物生产过程中需要大量农业生产资料,在计划中要体现出来以便做好充分准备。常用的农业生产资料包括种子、农药、肥料、农业工具(手工工具、农业机械等)、农膜等,根据当年作物生产需要具体标明。

(3)田间管理方案的制定　田间管理方案包括作物从种到收的全过程,主要有以下内容。

①整地。整地时间、质量要求、工作顺序、机械名称、配带农具规格等。

②播种。作物的播种时间、播种量、播种机械、株行距,生产资料的准备时间、完成时间等。

③肥水管理。管理时期、化肥名称、化肥用量、施用方法、浇水时间、浇水方法、浇水量等。

(4)病、虫、草害防治　防治对象、时期,用药名称、用药量,药品的制剂、施药方法、稀释倍数、用量,所用机械名称、规格。

(5)中耕管理　包括中耕除草、中耕施肥、中耕培土等作业时间、次数。

(6)收获　收获对象、收获田块、收获时间、使用机械、每天收获面积。

除此以外,田间管理还有镇压以及随时出现问题的及时处理方案等内容。

总之,田间管理方案制订时既要具体,以便做好生产资料的准备,又要灵活,以适应环境因素的变化。一部生产计划的制定和完成是一项系统工程,需要市场调研人员、生产决策人员、技术人员等的共同参与以及各部门相互协调才能完成,经得起实践检验的生产计划才是一份完整的计划。田间管理方案可以以作业历的方式表现更为明了、清楚。

(三)作物生产计划的形式

生产计划的形式一般分三种。

①条文式。把生产计划分成若干条款或部分,通过文字叙述,逐一阐明内容。

②表格式。用表格来表达计划的内容。

③文字表格兼有式。既有文字叙述又有表格。

(四)生产计划的书写格式

一般生产计划由三部分组成,即标题、正文和结尾。

(1)标题　标题要一目了然,计划的名称、内容、单位和执行计划的有效期体现出来,如“辽宁农业职业技术学院农艺系 2006 年玉米制种田生产计划”。

(2)正文　正文由前言、主题和末尾三部分组成。

①前言。它是置于计划的开头部分,写明生产计划的依据(如遵循的方针、依据的情况和问题等)和总的目标任务(开展什么工作、解决什么问题、达到什么效果等)。

②主体。这是计划的核心部分,着重写明计划期内应完成的具体任务和达到的具体目标。具体写法多采用分条列项式,即把计划任务先分若干项,用序码和小标题标明层次,再分层写出具体任务和目标。

③末尾。着重写明完成任务、实现目标的措施。一般要讲清楚完成任务需要做的具体工作，如何做，分几个步骤完成，时期要求及分工等。

(3)结尾　结尾要写明计划的单位(个人)和日期。

上述写法只是一种基本格式，在具体运用时，主要体现三要素即目标、措施、步骤即可，各地可根据不同情况灵活变通。

四、训练步骤方法

(1)分析实际生产计划案例　教师找出一份比较完善的某单位的实际生产计划作为案例，和学生一起分析，了解计划的形式、内容和优缺点等。

(2)设定生产项目　根据当地农业生产情况拟订一个作物生产项目，如2008年高产玉米生产计划。

(3)制定生产计划　学生以个人或者小组为单位制定作物生产计划。

五、考核标准及配分

本技能满分100分，要求达到60分以上。

①制定计划符合原则。　30分

②生产计划格式正确。　20分

③内容全面，符合实际，操作性强。　30分

④字迹工整，语言流畅，用词准确。　20分

六、作业

制定一份某作物年度生产计划。

综合训练二　作物生产常用农具的使用

一、训练目的

了解农业生产中常用农具的种类；认识不同农具和它们的基本结构以及在农业生产中的作用；掌握常用农具的使用方法；能够在农业生产中熟练使用各种农具。

二、训练场所、用具及材料

(1)训练场所　学院实训基地或其他具备农具并能够训练的场所。

(2)用具及材料　各种手工农具(锹、镐、耙、大小锄头、镰刀)，各种现代农业机

械（拖拉机、播种机、收割机、脱粒机、水泵、打药机、喷灌设备、覆膜机、旋耕机、起垄机、灭茬机、中耕机、插秧机和抛秧机、深松铲、圆盘耙、镇压器、犁）。

三、训练内容

（一）手工农具

农业生产常用手工农具种类很多，不同地区有一定差别，北方常用手工农具有下列几种。

（1）锹　农业生产最常用的工具之一，主要用于挖掘、翻土、装运、切割、平整土地等。

（2）镐　北方地区使用较多，主要用于开沟、起垄、刨坑或刨作物根等，一般用于小面积播种如庭院、科研试验田、菜园、田间地头。开沟时的用法是：镐面与地面平行，稍向下倾斜，由前向后用力，将土翻向两侧，做到开沟直、匀。

（3）耙　主要用于碎土、平地、覆土，一般用于育苗田（如水稻育苗、蔬菜育苗等）、蔬菜种植田，适宜面积小、要求高、种子粒小适宜畦作的田块和作物，在土壤疏松的基础上，用耙子正面（带齿的一面）将坷垃打碎并将畦面整平，播种后也可用耙子的背面覆土。

（4）大小锄头　锄头主要用于田间除草、松土、碎土。大锄头用于面积较大的田块，管理相对比较粗放；小锄头用于面积较小的田块，管理较为精细。使用锄头铲地过程中，经常采用搂、砍、推、点等几种主要方法。搂通常用于作物行、株间松，碎土及除草，除板平放地面，两手压拉锄杠，使锄板在 2～4 cm 土层中行进；砍主要用于砍除行、株间大草及田间疏苗除蘖等；推主要用于破碎大坷垃，方法是锄板平放地面，两手向前推锄杠使锄头与坷垃碰撞，达到碎土作用；点用于铲除苗眼草附近的杂草，用锄板一角挑除杂草。

（5）镰刀　主要用于收割植株或果穗，也可用于割除杂草的地上部分，如水稻、小麦、玉米、高粱等。收割高秆植株的方法是手握刀把，将刀面紧贴植株，向上与植株成 30°角用力拉割；收割矮秆植株的方法是手握刀把，将刀面紧贴植株，刀面与植株平并斜向上、向外用力拉割。

（二）机械农具

1. 机械农具的种类和用途

（1）耕整地机械　种类和形式很多，耕地机械以铧式犁应用最广，主要用于作物收获后翻地。整地机械使用较多的是圆盘耙，主要用于耕后碎土和播前耙地，也用于收获后的浅耕灭茬，诱发杂草，以便翻耕时进一步消灭，有时为了抢农时、保墒，也以耙代耕。

(2)播种机械　常用的是播种机，有手工播种机和机械播种机，主要用于播种。

(3)中耕机械　分旱田中耕机和水田中耕机两大类，可以进行除草、松土、培土、施肥等作业。

(4)植保机械　可分为喷雾器、喷粉器、土壤消毒机、拌种机等，其中喷雾机应用广泛，植保机械主要用于病虫害的防治。

(5)收获机械　主要是联合收割机，其生产效率高，能一次完成收割、脱粒、分离和清粮等作业，收获总损失小。

2.主要农机具的使用方法

机械农具的种类较多，且多为专人负责、专人使用，因此，各地可根据实际机械的应用情况选择训练，这里仅就常用播种机的使用简述如下。

(1)作业前播种机主要技术状态检查

①机架不应弯曲或倾斜，安装开沟器的横梁其弯曲度不超过 10 mm。

②行走轮不得有较大摆动，其摆动幅度不超过 10 mm。

③种子箱无裂缝，箱盖完整，输种管畅通不外漏。

④起落机构灵活可靠，排种器传动机构能随开沟器的起落而正确地分离或接合传动。

⑤排种机构完好，无损坏变形，排种槽轮工作长度一致，排种均匀，其不均匀度不得大于 4%。

⑥开沟器本身无变形，转动灵活。按规定行距和高度安装，各行距偏差和高低偏差不超过 5 cm。

(2)开沟器的配列　播种前，应根据规定的行距正确的配置开沟器，使各开沟器之间的距离与田间实际行距保持一致，否则需调整开沟器之间的距离。

(3)播种量调节　可以在室内进行，也可以在田间测试。

①计算地轮转 n 圈后应排出的种子总量：

$$G=\frac{QB\pi D(1+\delta)n}{10\ 000}$$

式中：G 为各排种管的全部排种量，kg；Q 为计划播种量，kg/hm^2；B 为播种机单程工作幅宽，m；D 为行走轮直径，m；δ 为行走轮滑移系数(按 0.05～0.1 计算)；n 为试验时行走轮转动圈数。

②播种机装满 1/3 种子，让播种机开始工作，使地轮正常运转，当转到 n 圈时立即停止，分别收集各排种器排出种子，称其重量，检查各排种器排种的均匀性(其不均匀度不超过 4%)。然后称总重量，与计算值比较，若不一致，可将播

量调节装置固定螺母拧松，适当扳动调节杆来改变槽轮的工作长度，使播种量增多或减少，然后重新进行试验，直到符合要求为止。最后将调节杆固定螺母固定牢。

由于室内或场地调节好的排种量，到田间实播时还会有所变动，故在大田实播前最好对播种机的排种量进行一次校正，这样比较可靠。

(4)穴距调整　一般可按说明书上列表规定，选用合适孔数的槽盘及适宜的传动比即可。若无表可查，也可以进行试验：首先根据所播种子粒大小选择槽盘，初步选定一个传动比，拉动播种机前进一定距离，测量播下的种子穴距是否符合要求，如穴距大应减少传动比，反之则加大传动比，直到符合要求为止。

(5)播种深度调节　悬挂式播种机，改变地轮上下安装位置，就可以实现播种深度调节。牵引式播种机，可以直接传动播深调节手轮来调节播种深度。

(6)播种质量检查

①检查播量。在选定的测定点，顺播种行的走向拨开 1 m 长的覆土，直至种子露出，查数种子粒数，即得 1 m 长度的播种行内实播种子粒数，可与根据播种量计算出来的每米长度内应播种子粒数进行比较。

②检查播深。在播种区内，按对角线方向随机选取 10 个以上测定点，检查时每个测定点可拨开覆土直至发现种子为止，顺播种方向贴地表水平放置直尺，再用另外一根带刻度的直尺测量出已播种子至地表直尺的垂直距离。多个测定点检查完成后，计算平均播种深度，平均播种深度与规定播种深度的偏差不应大于 0.5～1.0 cm，一般规定播深为 3～4 cm 时，偏差不超过±0.5 cm；规定播深为 4～6 cm 时，偏差不超过±0.7 cm；规定播深为 6～8 cm 时，偏差不超过±1.0 cm。

四、训练步骤方法

(1)农具识别　结合本校实际农具情况，在老师讲解的基础上，同学自己学习认识各种农具名称、简要结构和用途。

(2)手工农具训练　可以结合生产项目进行各种手工农具使用练习，也可以单独留出一块空地练习使用各种农具。先由教师讲解示范，制定标准，学生按照标准反复训练直至掌握为止。

(3)农机具训练　以播种机为主，也可以结合学校生产实际选择适应本地的机械农具练习，最好由专业人员现场示范并指导，注意安全。

五、技能考核标准及配分

本技能满分 100 分，要求达到 80 分以上。

①安全操作。 30 分

②正确识别各种农机具及其用途。 30 分

③能够正确使用几种主要农具。 40 分

六、作业

简述在训练中出现的问题及解决办法。

综合训练三　作物常用农业生产资料准备

一、训练目的

了解常用农业生产资料类型;掌握不同作物所需农业生产资料种类、数量、能够对市场上所售农业生产资料的优劣进行鉴别,及时正确地购买农业生产资料并能科学地进行存放和保管。

二、训练场所、用具及材料

(1)训练场所　实训基地或销售农资的商店。

(2)用具及材料　市场上销售的各种类型种子(大田种子、蔬菜种子、花卉种子若干),各种类型农药(杀虫剂、杀菌剂、植物生长调节剂等),各种肥料(有机肥、化肥、微肥、生物菌肥等),各种农具(本校现有的)。

三、训练内容

(一)农业生产资料的类型

农业生产资料种类繁多,商品名称更多,其中用途较多和用量较大的有以下几种:

(1)种子　农业生产用种子主要包括杂交种子、常规种子、用于繁殖的营养器官等。

①杂交种子。目前生产上大量应用的有玉米、高粱、南方水稻等。

②常规种子。目前生产上大量应用的有大豆、小麦、花生、谷子等,这些作物都是自花授粉作物。

③块根块茎。主要有甘薯、马铃薯。

(2)农药　农药主要包括杀虫剂、杀菌剂、除草剂、植物生长调节剂、种衣剂等。

①杀虫剂。种类较多,根据其主要成分可分为有机磷类杀虫剂、拟除虫菊酯类

杀虫剂、生物类杀虫剂、氨基甲酸酯类杀虫剂、新烟碱类杀虫剂等;根据其杀虫对象可分为杀虫剂、杀螨剂、杀线剂、杀鼠剂等。

②杀菌剂。有保护剂(如波尔多液、代森锌、百菌清等),治疗剂(如三唑酮、粉锈宁等),防腐剂(如甲醛、噻菌灵、五氯酚钠等)。

③除草剂。有触杀性除草剂(如敌稗、除草醚等),内吸性除草剂(如2,4-D丁酯、阿特拉津、草甘膦等)。

④植物生长调节剂。有促进生长的植物生长调节剂(如细胞分裂素、赤霉素等),有抑制生长的植物生长调节剂(如多效唑、矮壮素等),有促进成熟的植物生长调节剂(如乙烯利等)。

⑤种衣剂。

(3)肥料 肥料主要包括复合肥、BB肥、N肥、P肥、K肥和微量元素等。

①复合肥。常用的有二元复合肥(如二铵),三元复合肥(如撒可富等)。目前市场上出现的商品名称较多,复合肥一般用于种肥或基肥,养分较全面且持久。

②BB肥。是一种复混肥料,即将几种单一化肥按照一定比例混合在一起制成的肥料,不通过化学合成,其生产过程较为简单,是未来的一种发展趋势,用法类似于复合肥。

③单一元素化肥。只含有一种化学成分,常见的有N肥(如尿素),P肥(如过磷酸钙),K肥(如硫酸钾、氯化钾、销酸钾等),还有微量元素,常见的有钼肥(钼酸铵)、硼肥(硼砂)、锌肥(硫酸锌)等。

(4)农机具 具体见技能训练二。

(二)农业生产资料的准备内容和原则

一个农业生产单位,在生产实施前或生产过程中,应预先做好物资准备工作。物资种类繁多,在准备这些物资时,应注意以下方面。

(1)制定农用物资的准备计划 在准备农用物资前,根据生产计划和管理方案,制定一份物资准备计划,该计划包括以下内容:物资名称、品牌,生产厂家,物资数量、有效成分含量,小包装质量、外包装质量,选择商家或地点,售后服务状况,购置准备等。该计划应尽量详细,以免造成准备不足或重复准备。

(2)物资准备原则

①尽量由社会化专业服务单位协助完成。

②提前做准备,有备无患。

③用前准备。

④根据计划准备。用量上的准备要坚持原则上够用即可,不要盲目多备。

⑤就近求购。为了降低采购费用,对有些生产资料可就近求购。

(三)常用物质准备

1. 种子准备

(1)种子来源及数量 一些如小麦、常规水稻等自花授粉作物,可以自己繁殖种子,也可以到种子公司购买;杂交种子,如杂交水稻、杂交玉米等作物,必须到正规种子销售部门购买。种子销售部门证照齐全(包括种子经营许可证、种子生产许可证、种子检疫证、工商执照以及工商部门发放的其他证照等),种子包装符合国家要求(种子标签项目齐全、外包装规范)。购买种子的数量依据当年种植面积、种植密度、种植方式具体确定。一般生产春玉米种子每667 m^2 需2～3 kg,北方常规水稻每667 m^2 需2～4 kg,春大豆种子每667 m^2 需4～6 kg。科学的用种量计算参考相关专业教材。

(2)选择种子时的基本要求

①首先观察种子的外部形态特征。种子是否整齐一致,种子中有无杂质,有无其他作物的种子,种子是否有瘪粒、破粒,是否有土块、石块等无生命杂质。

②种子纯度鉴别。种子纯度是表示种子一致性的指标,也是种子品质的一个重要指标,国家种子质量标准对每种作物不同等级的种子均有非常严格的规定,该指标鉴别花费时间较长,往往需要一个生长周期。所以选购时,除选用信誉好的种子经营单位外,还应进行简单目测,看一批种子中有无明显外观上不一致等现象。

③净度的鉴别。净度表示种子干净程度,该指标虽没有发芽率和纯度重要,但也不能忽视,尤其种子中夹杂一些杂草种子,可能给生产带来很多麻烦。种子净度可通过简易方法进行鉴别。拿出一定量种子,挑出异作物种子、破损种子、土块、石块等无生命杂质,以及菌核等有生命杂质,测出这些杂质占所取样的百分重量,衡量其是否符合品质要求。

④含水量鉴别。含水量是一个安全贮藏指标,简单鉴别时可用手摸和牙咬,通过手感等鉴别含水量高低。对已准备好的含水量偏高的种子,要进行晾晒,达到安全含水量后方可贮藏,以免霉变造成损失。

⑤外观鉴别。准备种子时,除以上指标要认真鉴别外,还应进行外观鉴别。一般来说,作为播种材料的种子,子粒应大小均匀、饱满度好,种皮或果皮色泽鲜亮,种子上无虫眼、无霉层等才是合格种子。种子大小不一,多是清选不彻底造成,饱满度差可能是成熟度差、清选不彻底或该品种本身有问题。种皮或果皮色泽发暗、发灰、失去亮泽,可能是收获前或收获后种子遇水或含水量较高时贮藏所致,这种种子会影响发芽率和培育壮苗。有虫眼、有霉层的种子坚决不能选购。

准备种子是一项认真的工作,不可粗心大意,以免给生产带来巨大损失。

2. 化肥准备

(1)来源及数量 不同化肥用途不同，不同作物需要化肥种类和施用量也不一样，不同地区肥料用量差别较大，因此，各地应结合地区实际选用适宜的化肥种类和数量。购买化肥时要到正规销售化肥的单位（农资公司、供销社、土肥站等），一般应具备特许经营证、工商执照以及相关部门发放的其他证件，目前我国还不允许个人经营化肥。科学的用肥量的计算参考相关专业教材，尤其应注重配方施肥。

(2)要求 选用化肥时，要注意品名、产地、有效成分含量，还应注意品质。化肥品质的简单鉴别：化肥不能结块，结块是由于包装物不严造成的潮解，结块化肥养分含量下降，且给使用带来麻烦。另外，包装物应完好、无破损，包装符合国家化肥包装要求。具体参考我国肥料包装标识要求。

3. 农药的准备

在选择准备农药时应注意以下几方面问题：

(1)根据作物和当地作物病、虫、草害种类正确选用、准备农药

(2)尽量少选高毒以及残留期长的农药

(3)鉴别假农药和劣质农药 国家对农药有非常严格的管理法规，但还有一些假农药进入市场，农业生产单位在准备农药时，要注意鉴别以免给生产带来损失。有下列情况之一的均属假农药：①以非农药冒充农药或以此种农药冒充其他农药。②所含有效成分的种类、名称与产品说明书上注明的农药有效成分的种类、名称不符合。③国家正式公布禁止生产或不能当作农药使用的。劣质农药是指超过有效期农药，不符合产品质量标准，混有导致药害等有害成分，包装或标签严重缺损的农药。有上述情况之一，均属劣质农药。在准备农药时，对假冒农药、劣质农药要做到能简单鉴别，以免上当造成损失。劣质农药可通过下列简单方法来鉴别：①从包装上看，国家规定农药产品上必须贴有标签或附有使用说明书，并注明农药名称、农药三证（农药登记证号、农药批准文号、农药生产许可证号）、生产企业名称、地址以及有效成分、含量、质量、产品性能、毒性、用途、使用要求、使用方法、生产日期、有效期、注意事项等内容。上述内容残缺或不完整，可能是假农药；若瓶口有开启痕迹，品质应怀疑。②从外观上判断农药常见剂型有粉剂、可湿性粉剂、乳油、水剂等。粉剂和可湿性粉剂应该比较干燥，如果已经结块或用手捏则形成团块，则认为是受潮的劣质农药。乳油一般应该是清亮的油状液体，如果瓶内出现水、油分离或有沉淀物，则认为是已变质失效的农药。水剂应是清亮的水溶液，如瓶内浑浊不清、有絮状物或有沉淀出现，也可认为是劣质产品。③加水观察粉剂一般应是颗粒细小的粉状物，加少量水后可调成糊状，静置 10～20 min，如果很快沉淀，说明粉粒太粗品质不好；可湿性粉剂，1 g 加水 100 mL，如药剂不能稳定地悬浮在水中，则

为劣质产品。乳油 1 mL 加水 100 mL 并搅动，即可出现乳白色牛奶状，静置 30 min，如液面漂油，下层出现沉淀，则为劣质产品。以上是一些简单鉴别方法，除此以外，还需要从有信誉的正式渠道来准备农药，产品品质有一定保障。

4. 农机具的准备

农机具的准备有两方面含义：一是对现有农机具的利用，二是新添置农机具。

(1)利用现有农机具　农机具是一种耐用生产资料，一次添置可以使用多年，在准备农业机械时，首先要对现有机械充分利用，农机具每年使用时间相对较少，停放时间较多。利用农闲季节，对动力机械和农具进行全面检修，动力机械做好不同级别的技术保养和维修。做到农闲时修，农忙时用，决不能到用时才发现有问题而再修理。

(2)农机具的添置　如果现有农机具不能满足生产使用，需新添一些农机具。在购置时除应注意品质、使用性能等因素外，还应注意以下几个方面：①农机与农具配套；②一机多用；③配件供应充足。农机具工作环境较为恶劣，工作强度又大，容易造成损坏，有些部件又属易损部件，需要经常更换，所以要求配件供应充足。新购农机具时，一定要考虑该机型是否普及。有些农机具产量低，使用不普遍，有些农机具在某些地区数量不多，这样，配件就很难保证充分供应、一旦损坏，(可能是正常磨损)不能及时购到配件，会延误农机具的使用，给生产带来一定损失。所以，购置农机具时，应考虑配件供应情况以及售后服务如何。

准备农业生产资料除种子、化肥、农药、农机具外，还有其他许多生产资料，如薄膜、油料等。都应认真准备，做到不误农时。

四、训练步骤方法

(1)识别各种农业生产资料　收集当地销售的各种农业生产资料，让学生逐一认识并能辨别真假优劣。

(2)确定生产项目，计算各农业生产资料用量　结合当地或学校生产情况确定当年某一生产项目，让学生确定农资种类并计算用量。

(3)市场调查并购买农资　学生分组到市场上进行调查农资销售情况，如果学校有条件，可以结合生产由学生自己购买农资。

五、考核标准及配分

本技能要求满分 100 分，要求达到 70 分以上。

(1)生产资料识别　随机选择一定数量的农资，让学生识别。40 分

(2)农资准备类型　根据给出的生产项目，学生提出需要的农资类型。30 分

(3)农资准备数量　根据给出的生产项目,学生计算出需要的农资数量。30分

六、作业

一定田块,一定作物,进行生产资料物质准备。

综合训练四　主要作物分类及识别

一、训练目的

认识各种作物的特征特性;了解作物类型;能够分析、比较各种作物的异同点;能够识别各种作物植株及种子。

二、训练场所、用具及材料

(1)训练场所　实验室、生长作物田间。

(2)用具及材料　各种作物种子及不同时期的植株。

三、训练内容

1.作物分类

作物分类方法很多,常用的方法是按用途和植物学系统相结合,可将作物分成四部分、九类:

(1)第一部分　粮食作物(或称食用作物),其中又分三类:

①谷类作物。多属于禾本科,主要成分是淀粉,有麦类、稻、玉米、高粱、谷子等,也叫禾谷类作物。

②豆类作物。属豆科,主要提供植物性蛋白质,常见的有大豆、绿豆、豌豆等各种豆类。

③薯芋类(根茎类)。主要生产淀粉类食物,常见的有甘薯、马铃薯、山药、芋、菊芋等。

(2)第二部分　经济作物(或称工业原料作物),又分四类:

①纤维作物。种子纤维如棉花,韧皮纤维如各种麻类,叶纤维如龙舌兰麻、蕉麻等。

②油料作物。常见的有花生、油菜、芝麻、向日葵等。

③糖料作物。主要有甘蔗和甜菜等。

④其他作物(有些是嗜好作物)。主要有烟草、茶叶、薄荷、咖啡、啤酒花等,此外还有挥发性油料作物,如香茅草等。

(3)第三部分　饲料及绿肥作物,又分两类:

饲料及绿肥作物。豆科的苜蓿、苕子、草木樨、田菁等,禾本科的苏丹草、黑麦草等。

(4)第四部分　药用作物:

药用作物。常见的有人参、枸杞、黄芪等。

2.主要作物营养器官形态识别(表4-1)

表4-1　主要作物营养器官形态比较

作物	根部特征	茎部特征	叶部特征
玉米	须根系,由初生根、次生根和气生根组成,气生根有色素,表皮角质化,一般2～3层	圆形有限直立生长,中部有髓,地上部13～17节,基部有侧芽	单叶,子叶不出土,剑形,宽大,叶缘呈波状皱褶,五光六毛,叶鞘上无茸毛
水稻	须根系,由种子根和不定根组成,根有气腔	圆形有限直立生长,中空,地上部3～7节,基部有分蘖	单叶,子叶不出土,剑形,狭长,叶鞘上有茸毛
小麦	须根系,由初生根、次生根组成	圆形有限直立生长,中空,地上部4～5节,基部有分蘖	单叶,子叶不出土,剑形,狭长,叶鞘上有短茸毛
大豆	直根系,由主根、支根、根毛组成,在主根和支根上结有根瘤,能够固氮	略圆,有限或无限直立或蔓生生长,中部充实,地上部12～20节,中下部叶腋有分枝	三出复叶,子叶出土,复叶为卵圆,有子叶、单叶、复叶之分,子叶肥大,单叶着生在第二节上,第三节以上着生复叶
花生	直根系,由主根、侧根组成,根瘤圆形,着生在主根的上部和侧根及胚轴上	成熟时棱状,幼时圆或丛生,成熟时茎秆中空,地上部20～25节,基部叶腋有分枝	子叶出土,偶数羽状复叶,小叶4片,全缘,卵圆形、椭圆形或近似披针形
甘薯	须根系,由主根、侧根、梗根、块根组成	圆形,匍匐或半直立,无限生长,茎部充实,基部叶腋有分枝	单叶,掌状、心形或三角形,单叶互生,有叶柄和叶片,没有托叶,叶柄基部因品种可分为绿、绿带紫、紫等

3. 主要作物种子或果实形态识别(表 4-2)

表 4-2 主要作物种子或果实形态比较

作物	果实类型	种子颜色	种子形状	果实或种子形态特征	种子结构
玉米	颖果	白、黄红、黑	扇形、梯形、圆形	表面光滑,有光泽,根据粉质胚乳和角质胚乳分布的比例和化学成分的分布可分为九种类型	果皮、种皮、胚乳、胚
水稻	颖果	白、红、褐、黑、紫	卵圆、圆、细长筒	表面光滑,背部有背沟,腹部有腹白,米粒中有心白	果皮、种皮、胚乳、胚
小麦	颖果	红、黄白、金黄、深黄、紫	梭形、卵圆、圆筒等	栽培小麦不带壳。顶端有茸毛,有腹沟,表面光滑	果皮、种皮、胚乳、胚
大豆	荚果	黄、绿、黑、褐	圆、椭圆、肾形	成熟荚颜色由淡黄至黑色,荚有茸毛,有灰白、棕黄两种,种子表面光滑或稍有皱缩	种皮、子叶、胚
花生	荚果	果皮黄色、褐色,种子浅红、深红等	椭圆、圆锥、桃、三角	荚果具斧头形、葫芦形、蜂腰形、茧形、曲棍形、串珠形等,果壳具纵横网纹,前端突出略呈喙状,种子表皮膜质	种皮、子叶、胚

四、训练步骤方法

(1)主要作物种子的识别　准备主要农作物种子,教师先讲解其各自的外观特征,学生逐一识别。

(2)田间作物植株的识别　结合本学校基地的生产实际情况和现有的田间作物植株,教师先讲解各种作物的植株特征,让学生具体识别。

五、考核标准及配分

本技能满分 100 分,要求达到 80 分以上。

(1)作物分类　给出各种作物的名称或实物,要求同学对其进行正确归类。 30 分

(2)作物种子识别　准备各种作物种子或果实，要求同学能够说出名称，并能描述其特征、特性。 40分

(3)作物植株识别　准备各种作物植株，要求同学能够说出作物名称，并能描述其特征特性。 30分

六、作业

总结各种作物异同点。

综合训练五　农田土壤耕作及质量检查

一、训练目的

了解土壤耕作类型及各自特点、作用；根据当地实际情况选择适宜的耕作方法；能够采用正确的方法对耕作结果进行检查，科学评价耕作品质的优劣。

二、训练场所、用具及材料

(1)训练场所　学院作物生产综合训练基地，进行土壤耕作的农户。

(2)用具及材料　拖拉机、配套的农机具、测深尺、直尺。

三、训练内容

(一)农田土壤耕作种类

农田土壤耕作是进行农业生产基本工作，有以下三种方法：

(1)平翻耕法　平翻耕法是土地始终保持平整的耕作方法，由翻地、耙地和耢地等项作业组成。

①翻地目的。翻地的农艺过程是把上下土层交换位置，并把土地表面的大量草籽、害虫、病菌孢子、作物残茬落叶或有机肥翻到下面去，而把底土翻上来，亦称基本耕作。一般由机引铧式犁或蓄力引犁完成。

②翻地深度。一般14～18 cm为浅翻，20～22 cm为普通深度，22 cm以上为深翻。翻地深度要根据作物种类、土壤特性和气候特点而定。具有主根的直根系作物和植株高大的作物，翻地深度应比无主根的浅根作物要深，以根系集中分布范围为度。从土壤特性看，黏质土宜深耕，沙质土宜浅耕。在少雨的干旱地区不宜深耕，一般限于10～15 cm；在多雨区，不怕跑墒，可以深耕，以利于贮水。旱地耕深20～25 cm为宜，稻田耕深以15～20 cm为宜。

③翻地时期。因气候条件和下茬作物播种时间而定。春季播种前翻地为春耕,夏收后为伏翻,秋收后为秋翻。在前茬作物收获后,宜耕期内立即进行,及时将地面残茬和杂草翻入土中,让其腐烂,以减少杂草病虫危害后作物,也利于接纳雨水和促进土壤熟化。南方深耕多在秋、冬季进行,利用干耕晒垡、冬季冻裂。北方一年一熟或二熟区,主要集中在夏、秋季,即夏收作物或休闲地以伏耕为主。秋收作物和秋播作物前为秋耕主要时期。

(2)垄作耕法　垄作是创造人为小地势的土壤耕作方式。一般多用旧式畜力犁,或向两边分土的耠子,在播前或在作物行间将土分向两侧成一个高垄,培土的多少、垄的高低视作物栽种要求而定。一般垄高 14～18 cm,垄距 60～70 cm。

①深耕与播种相结合的扣种。操作方法是先破茬,然后在新土上播种,再破原垄,掏墒,将松土覆于种子上,最后用木磙镇压。

②原垄上直接播种。即在前一年带茬越冬的原垄上,将前茬耢碎、耢软,并将垄上杂草种子耢至垄沟,然后播种、镇压。

③深耕与中耕相结合的趟地。即在作物生长期间于垄沟部位进行深耕,一年进行 2～3 次。每次趟地前用锄头人工除草。

(3)旋耕法　利用旋耕机一次完成耕、耙、平、压等作业。一般深耕 12～15 cm。在南方水田上整地极为普遍,华北地区常用于麦茬整地,近年来也有用于秋耕整地,具有方便、效率高的特点,但也容易破坏土壤结构,长期应用旋耕会使耕层变浅。多次旋耕后应适当进行一次深耕深松。

另外,少耕或免耕法是防风蚀、水蚀、减少水分蒸发的耕作方法,可根据当地条件结合具体情况适当采用。

(二)土壤耕作的质量标准

各地由于耕作时期、土壤耕作方法不同,耕作的质量标准也不一样,本标准采用黑龙江省土壤耕作质量标准,各地可根据实际情况应用。

(1)平翻

①耕深一致。耕深要求达到 18～22 cm,误差为±1.5 cm。

②耕地直线度与耕幅一致。要求耕堑直,百米直线度≤15 cm,耕幅一致,实际幅宽与设计幅宽误差为±4 cm。

③翻垡与覆盖率。立垡和回垡率要＜5％,杂草覆盖率要＞90％。

④不漏耕、不重耕。重耕率≤2％,地头横耕整齐。

⑤地面平整度。垂直耕幅 10 m 长度,地面高低差≤10 cm。

⑥开闭垄要求。开闭垄距离＞40 m,开垄宽度≤30 cm,深度≤15 cm,闭垄高度≤10 cm。

(2)深松

①深松。深松度达到24 cm以上,超深松深度要达到30 cm以上,各行深度误差为±2 cm。

②行距一致。有垄地块按垄距要求进行,全面深松行距为30～50 cm,行距误差为±2 cm。

③深松沟。凿形铲宽度为4～6 cm,双翼铲宽度为10 cm。

(3)耙地

①耙深应达到轻耙为8～10 cm,重耙为14～16 cm,误差为±1 cm。

②不漏耙、不拖堆,相邻作业幅重耙量<15 cm。

③地表平整,土壤细碎,耙幅在4 m宽的地面上高低差≤3 cm。要求每平方米耕层内土块外形最大尺寸大于等于10 cm的不得超过5个。

(4)起垄

①垄向直线度。垄形直,50米垄长直线度误差≤5 cm。

②垄距相等。垄体宽度按农艺要求形成标准垄形。垄距误差为±2 cm,往复结合垄距误差为±3 cm,起垄工作幅度误差为±2 cm。

③垄形整齐,不起垡块,地头整齐,垄到地边、地头误差为±30 cm。

④垄体一致,深度均匀,各铧入土深度误差为±2 cm,垄高一致,垄体压实后,垄高应≥16 cm,各垄高度误差为±2 cm。

(5)旋耕

①旋耕作业深度。秋旋耕12～15 cm,春旋耕8～10 cm。

②土壤细碎。地面平整,每平方米耕层内土块外形最大尺寸≥6 cm的不得超过5个。跨两幅在4 m宽地面上高低差≤4 cm。

③根茬破碎。破碎长度小于8 cm,其合格率>80%。

④要求旋耕到头、到边。不重不漏,不破坏地埂,相邻作业幅重耕量小于15 cm。

(三)土壤耕作的质量检查

耕地质量与自然条件、土壤性质、地面状况、机具类型和操作人员有很大关系。耕地质量检查一般包括耕后是否达到规定的耕深、耕后地面是否平整、土垡翻转情况、肥料及植物残株等是否覆盖好、有无漏耕或重耕、地头是否整齐等。

(1)耕深检查　可在犁耕过程中检查或耕后检查。每班次检查耕深2～3次,每次要在相同地段上不同地点测量5～6个点,耕翻的平均深度与规定深度相差不超过1 cm。在犁耕过程中检查时,主要看沟壁是否直,用尺测量耕深是否符合规定的深度。

(2)地表平整性检查 首先横着耕地方向走一趟,检查沟、垄及翻垡情况,除开墒和收墒处的沟垄外,要注意察看每个相邻行程的接合情况,如接合处凸起,表明两行行程之间有重耕;如有低洼,表明有漏耕,若只有个别的地方有这些现象,说明是由于操作不当造成的。

(3)覆盖检查 检查残根、杂草是否覆盖平实,并要求覆盖有一定深度,最好被覆在 12 cm 以下或翻至沟底。

(4)地头检查 检看地头是否整齐,有无剩边、剩角。

四、训练步骤方法

(1)耕作方法的选择 根据当地作物类型和生产要求确定耕作方法。

(2)耕作时期的选择 就某一块地的生产确定适宜的耕作时期。

(3)土壤耕作 结合学院实训基地,进行土壤耕作。

(4)土壤耕作质量检查 学生分组,按照标准对耕作情况进行质量检查。

(5)写一份实训报告 对实训结果进行总结,找出自己取得的成绩和存在的问题。

五、考核标准及配分

本项技能满分 100 分,要求达到 60 分以上。

①说出土壤耕作的主要方法,能够选择正确的耕作方法。 25 分

②了解土壤宜耕期,耕作时期选择恰当。 25 分

③耕作质量检查方法得当,结果准确。 25 分

④实训报告上交及时,内容全面,结果正确。 25 分

六、作业

分析本院实训基地土壤耕作的优劣性。

综合训练六 作物田间基本情况及苗情调查

一、训练目的

了解作物田间调查的内容;掌握作物田间调查的方法,对作物生产中存在的问题采取及时正确的措施加以解决。

二、训练场所、用具及材料

(1)训练场所　各种作物生产田。

(2)用具及材料　皮尺、卷尺、天平、镊子等。

三、训练内容

(一)田间基本情况调查

调查土地情况(土壤种类、性质、地形、地势及分布等),土地耕作、轮作等情况,土壤及播种情况,当地气候等自然情况。

按作物种类逐地块进行初步调查,全面掌握地块的基本情况,并填写表6-1。

表6-1　地块整地播种的基本情况

作物种类		播种期	
地势、土壤质地		播种方法	
翻整地情况		播量	
基肥		种子发芽率	
种肥		计划保苗数	
茬口		其他	

(二)苗情调查

在初步调查基础上,具体调查出苗情况、缺苗断空情况、苗的整齐度与长势等。

1.选点

根据地块实际情况(如地势、墒情、耕作、轮作等)进行选点。通常采用对角线法或分区段随机选点法,地块差异大点数宜多,反之点数少。点面积大小因作物种类与栽培方法(平作、垄作等)而异。玉米等垄上穴播作物为5～10 m^2,小麦等密植栽培作物为1～3 m^2,大豆、谷子、高粱等条播(平作或垄作)为5 m^2,或连续调查100～200穴。

每点可在同行内,也可在数行内调查,在调查定点时,可视地块苗情等因地而异。对同一播种机工作幅内进行定点,点的分布可因地势、苗情而异,可以用单对角线、双对角线或梅花式、棋盘式,或正方形取点、交叉取点等,要有代表性。

2.调查项目与方法

(1)缺苗程度　作物播种后,由于各方面原因常常出现缺苗、苗数不足等现象,必须进行实地调查。在基本苗数调查的同时按断条单位,调查断条数,仔细观察缺苗现象,分析缺苗、断条的原因,结合播种密度情况确定对策,采取补救措施。田间缺苗情况见表6-2。

表6-2 田间缺苗情况调查表

调查内容	调查项目	调查样点记录			
		1	2	3	4
保苗情况	计划苗数/(株/m^2)				
	实际出苗/(株/m^2)				
	差值				
	缺苗/%				
断条长度	10～20 cm				
	21～30 cm				
	31～40 cm				
	41～50 cm				
	＞50 cm				
缺苗原因					

(2)幼苗生长壮弱情况　播种后因气候、土壤等多种原因或因播种技术等导致幼苗生长速度不一、壮弱不等。具体调查项目见表6-3。

表6-3 幼苗生长状况(壮弱苗)调查表

幼苗生长状况	调查项目		调查样点记录				
			1	2	3	4	平均
保苗	保苗数/(株/m^2)						
苗情	壮苗	株数/m^2					
		%					
	弱苗	株数/m^2					
		%					
壮苗情况	株高/cm						
	茎粗/cm						
	叶片数/个						
	根数/个						
	百苗重/g						
弱苗情况	株高/cm						
	茎粗/cm						
	叶片数/个						
	根数/个						
	百苗重/g						

(3)调查结果分析　将调查结果按地块、作物种类等整理并逐项列表，分析查

找出相关原因，明确主要与次要问题所在，提出采用补救的有效措施。分析播种准备阶段情况、播种情况及问题、播后土壤墒情与气象条件（如降雨等），并同往年对比分析。将整地、播种措施联系起来分析（如整地质量好坏，播种期早晚，播种深浅）；了解播法、墒情、化肥施用、镇压及病虫害防治措施等情况。经过整理分析后做出结论。

（4）调查总结　根据调查研究、初步分析的结果，再通过组织有关人员研究讨论，集中各方面意见，在此基础上进行总结。调查总结大致包括如下内容：

①简要叙述调查过程及基本情况，概括各种作物在不同的情况下苗全、苗齐、苗匀、苗壮的程度。

②对保苗经验作系统的总结，提出具体、可行的补救措施。

③对引起缺苗的各方面原因逐一分析，用数据说明问题，分清主次与轻重、各种导致缺苗原因、影响程度等。

④提出保全苗的针对性、具体措施，即不同缺苗原因采取不同的补救措施。

四、训练步骤方法

（1）室内讲授训练内容及方法　教师在室内详细讲述田间调查的项目方法及注意事项，具体要求和标准。

（2）确定调查田块及作物　结合本地实际，选择一定面积的田块作为调查对象。

（3）学生分组调查

（4）总结分析　对调查结果进行总结分析，并提出应对措施。

五、考核标准及配分

本技能满分 100 分，要求达到 80 分以上。

（1）调查项目全面　包括田间基本情况、缺苗情况和幼苗壮弱情况。　30 分

（2）调查方法正确　包括选点数量、选点方法、壮弱株标准掌握等。　40 分

（3）调查记录详细，结果准确　30 分

六、作业

写一份调查报告，对调查结果进行分析，并采取补救措施。

综合训练七 作物生产田间营养诊断

一、训练目的

掌握旱田作物的生长和营养状况分析方法;了解营养分级标准,判断植株生长和营养水平,指导田间管理;掌握土壤营养诊断技术、植物营养诊断技术。

二、训练场所、用具及材料

(1)训练场所 各种作物生产田。

(2)用具及材料 各种试剂、各种植株等。

三、训练内容

田间营养诊断包括土壤营养诊断、植株营养诊断和生理障碍诊断三种方式。

(一)土壤营养诊断技术

土壤是作物营养的主要来源,土壤中营养物质的丰缺不仅是直接影响作物的生长发育和产量的因素,也是衡量施肥效果和确定是否需要施肥的重要根据。因此,在制定施肥计划、确定施肥措施时应首先进行土壤营养诊断,根据土壤营养诊断的分析结果,决定施肥种类和施肥量。

土壤诊断或是通过化学、物理方法的测定,研究土壤中养分存在的状态及养分含量、变化规律、供应能力,对土壤肥力进行解释说明与评价,从而提出科学的施肥建议。土壤养分的含量、供应能力可用以下方法来估量:田间小区施肥试验,盆栽试验,作物生长状况调查,土壤化学分析,植株分析,利用某种微生物在供试土壤上生长来鉴定。上述任何一种方法都有一定的局限性。然而快速、准确,又可作为田间试验、盆栽试验结果转达手段的是土壤化学分析或称土壤测试法。通常,以上各种方法是相互配合应用的。

目前,有关土壤诊断的文献资料很多,可以在实际工作中参考应用,但不能生搬硬套。要结合生产实际,找出与本地区生产相适应的土壤诊断方法和资料,指导本地区的农业生产。

(二)植株营养诊断技术

植株诊断包括形态诊断、化学诊断和施肥诊断三种。简便易行的方法是形态诊断,即根据植株的外部形态特征可以判断某种营养元素的丰缺,作为指导施肥的依据。常见作物主要元素缺乏症状如下：

1. N素缺乏症

(1)水稻　植株瘦小、直立、分蘖少，叶片小、呈黄绿色。从叶尖沿中脉扩展到全部，下部叶片首先发黄焦枯，穗小而短，并提前成熟，根细而长，根量少。

(2)小麦　叶片短、窄，茎部叶片色先发黄，植株瘦小、直立、分蘖少，穗粒少而小，根细而长，根量少。

(3)玉米　植株矮小，生长缓慢，叶片由下而上失绿发黄，症状从叶尖沿叶脉向基部发展先黄后枯，成"V"字形。

(4)大豆　叶片出现青铜色斑块，渐变黄而干枯，生长缓慢，基部叶首先脱落，茎瘦长，植株生长缓慢显得矮小、瘦弱。花、荚稀少，根瘤少，发育差。

(5)花生　叶片呈淡黄色至几乎白色，茎发红，根瘤很少，植株生长不良。

2. 磷素缺乏症

(1)水稻　植株生长缓慢，个体矮小，茎叶狭细，叶片直挺，丛顶齐、平，呈簇状，即所谓"一炷香"株形，分蘖少甚至无；叶色变深，呈暗绿色、灰绿色或灰蓝色；叶尖及叶缘常带紫红色，抽穗、成熟延迟，产量降低。

(2)玉米　植株生长缓慢、瘦弱，茎基部、叶鞘甚至全株呈现紫红色，严重时叶尖枯死呈褐色；抽穗吐丝延迟，结实不良，果穗弯曲、秃尖。

3. 钾素缺乏症

(1)水稻　苗期叶片绿中带蓝，老叶软弱下披，心叶挺直，中、下部叶片尖端出现红褐色坏死组织，叶面有不定型的红褐色斑点。随后老叶焦枯，早衰，稻丛披散，叶鞘比例失调。叶鞘短，叶片相对长，根系发育显著受损害，谷粒缺乏光泽、不饱满。易倒伏和感染胡麻病或赤枯病。

(2)小麦　植株呈蓝绿色，叶软弱下披，上、中、下部叶片的叶尖及边缘枯黄，老叶焦枯、茎秆细小，早衰，易倒伏。

(3)玉米　叶片与茎节的长度比例失调，叶片显得长，茎秆短，老叶尖端及边缘褐色焦枯，茎秆细小而柔弱、易倒伏。

(4)大豆　苗期缺钾，叶片小，叶色暗绿、缺乏光泽。中、后期缺钾，老叶尖端和边缘失绿变黄，叶脉间凸起、皱缩，叶片前端向下卷曲，有时叶柄变褐色，根系老化早衰。

4. 钙素缺乏症状

(1)水稻　植株矮，组织老化，病症先发生于根及地上幼嫩部分，植株呈现未老先衰。幼叶卷曲、干枯，定型的新生叶片前端及叶缘枯黄，老叶仍保持绿色，结实少，秕粒多。

(2)小麦 生长点及茎的尖端死亡，植株矮小或簇生状，幼叶往往不能展开。已长出的叶片也常出现缺绿现象。根系短，分枝多，根尖分泌透明黏液，似球形黏附在根尖。

(3)玉米 植株矮，叶缘有时呈白色锯齿状不规则破裂，茎顶端是弯钩状，新叶分泌透明胶汁，使相近两叶尖端粘连在一起，不能正常伸展，老叶尖端也出现棕色焦枯。

(4)大豆 叶片卷曲，老叶上会发生许多灰白色的小斑点，叶脉变为棕色，叶柄软弱、下垂，不久即枯萎死亡。茎顶端弯钩状卷曲，新生幼叶不能伸展、易枯死。

(5)花生 老叶的背面出现疤痕，随后叶片反面出现棕色枯死斑块，结荚少，空壳率高。

5.镁素缺乏症状

(1)水稻 植株黄化，叶片脉间失绿，中、下部叶从叶舌部分开始略向下倾斜。

(2)小麦 叶片脉间出现黄色条纹，心叶挺直，下部叶片下垂，老叶与新叶之间夹角大，有时下部叶缘出现不规则的褐色焦枯。

(3)大豆 老叶的叶尖及边缘的绿色减退，沿脉间向中心部分扩展。下部的叶片发脆，严重缺乏时，植株矮小，下部的叶片向叶面卷曲，叶片增厚，最后缺绿的叶片变成棕色而死亡脱落。

(4)花生 生长前期叶片脉间失绿变为深黄色，并带有一些棕色小斑点，但叶基及叶脉附近则保持绿色。生长后期缺镁，叶缘向下卷曲，边缘向内逐渐变黄，以至整个叶片橘黄或紫红色。

(三)生理障碍诊断

植株在生长过程中，由于管理不善或因环境的变化，产生不同的生理障碍，并表现出种种症状。现介绍几种常见的生理障碍的诊治方法。

(1)植株生长缓慢或全然不长 这主要是因为温度低、光照不足、水分过多而引起的，可通过减少给水量、提高温度、增加光照等措施进行调整。

(2)植株叶片细长、脆嫩、边缘发黄变焦而脱落 一是光照不足，空气干燥，气温太低；二是土壤太湿而养分不足，一般认为是缺水所致，不断浇水，反而促使烂根、死亡。

(3)萎蔫 最主要的原因是缺水，空气太干燥。春天气候干燥，常因给水不及时，出现整个植株的叶子下垂。此时应立即先少浇水，待枝叶基本恢复常态后，再浇足水。

(4)叶片出现棕斑或棕边现象　有的是干旱造成,应及时给水。有的是患日灼病。

(5)叶片卷曲,叶面上出现点状病斑　一般是虫害和病害侵袭的结果,如植物生红蜘蛛以后,叶片卷曲变黄,不及时治疗,大部分叶片脱落,严重时,全株死亡。

(6)叶片斑驳　因长时间得不到光照,叶片会出现斑驳,如满足光照,很快就恢复正常。

(7)突然落叶　主要是因温度忽高忽低、光照强度变化过大而造成的,有些植物昼夜温差过大也会导致叶片脱落。

四、训练步骤方法

①室内讲授田间营养诊断内容及标准。

②教师找出各种缺素作物症状,在室内对照标准判别。

③学生到各种作物田间寻找各种缺素作物及田块。

五、考核标准及配分

(1)植株营养诊断　多种缺素作物,学生能够准确说出所缺元素。　50分

(2)生理障碍诊断　多种生理障碍作物,学生能够准确说出产生生理障碍原因。　50分

六、作业

写一份作物生长的田间诊断报告。

综合训练八　农产品生产投入、产出及经济效益分析

一、训练目的

了解农作物生产的成本项目及核算方法,农产品产出项目及核算方法;能够分析农业生产经济效益,为农业生产提供依据。

二、训练场所、用具及材料

(1)训练场所　教室或实训基地。

(2)用具及材料　本校或农户生产田生产数据、计算器、笔、本。

三、训练内容

(一)农产品生产投入

(1)费用及其分类　费用是企业或农户在一定时期内生产经营农产品过程中所发生的各种耗费。为了正确计算农产品成本,对费用主要进行如下分类:

按劳动消耗的不同,一般将费用分为物质费用(物化劳动消耗)和人工费用(人工活劳动消耗)两部分。

物质费用按其经济内容(即费用发生的原始形态——费用要素)又分为:①为进行农业生产而耗费的一切外购(或自产)的材料,如种(苗)、肥料、农药、农膜,半成品、包装物、低值易耗品、修理用备件、排灌、燃料和动力等。②按固定资产折旧率计算提取的折旧费。③农业企业按规定从生产成本中提取的职工福利费和预提的大修理费用。④按规定应计入营业费用的借款利息支出。⑤应计入成本费用的各种税金。⑥其他不属于以上各要素的物质费用支出,如用于管理和销售等方面的物质费用。

人工费用是指应计入成本费用的人工活劳动消耗。一般以实际支付的劳动报酬或劳动者相应的机会成本计算,包括从事农业生产的直接人工费用和从事管理与销售等方面的间接人工费用。

费用的这种分类能够反映出农业生产经营活动中费用的全部耗费情况和费用总额的构成情况,为计算农业或农产品净产值提供依据。

(2)成本及其核算原则与要求

①正确确定成本核算对象。所谓成本核算对象就是在成本计算过程中,为汇集和分配成本费用而确定需要承担费用的具体产品项目,即费用的承受者。对同时生产的几种产品,只有分门别类地进行核算,才能得出每种产品的成本。

②正确划清成本计算期。所谓成本计算期是指计算产品成本的时间。农产品的生产过程往往要经过许多阶段,而且许多产品是随市场情况不断出售的,所以在核算成本时,要明确对哪个时期的产品进行核算,这个被确定的时期就是成本计算期。

现行农业财务制度规定,农产品成本应当按产品的生产周期在产品产出的月份核算,即农产品的成本费用,从开始生产计算至以下阶段:粮豆的成本费用算到能够销售为止;不入库、入窖的鲜活农产品的生产成本算到销售为止。

③做好成本核算的基础工作。为及时准确地核算农产品生产过程中发生的各

项成本费用，农户应按成本核算对象设置原始记账登记簿，随时记录好资产、直接与间接的各项物质和用工支出以及经营收入等相关原始内容。

(3)农产品成本费用计算　将与某农产品生产的相关成本与分配的费用归集起来则可以计算该产品的全部费用。有了费用、产品产量和播种面积的资料，就可以分别计算产品成本。例如：

一年一收或多收作物的成本计算公式：

$$\text{某作物主产品单位成本}=\frac{\text{某作物生产总成本}-\text{副产品价值}}{\text{该作物主产品总产量}}$$

$$\text{某作物单位面积成本}=\frac{\text{某作物生产总成本}}{\text{该作物播种面积}}$$

一次收获的多年生作物，应按各年累计的生产费用计算成本。

$$\text{收获的主产品单位成本}=\frac{\text{累计费用}-\text{副产品价值}}{\text{该作物主产品本年总产量}}$$

(二)农产品产出

产出是指生产成果。农产品产出就是指在人们从事农业生产及相关劳务活动过程中创造的全部使用价值量或价值量。它以实物形式表现为农业产品及其副产品或加工产品的总产量；以价值形式则表现为总产值或总收入。

农产品产出的全部价值也是由三部分构成：一是由消耗的生产资料转移过来的价值(c)；二是必要劳动创造的价值(V)；三是剩余劳动创造的、形成利润的价值(m)。($c+O$)形成成本费用，($v+m$)是活劳动创造的新价值(通常称净产值)。这样，农产品产出就可以按不同要求分别用以下指标衡量：即总产量或总产值($c+v+O$)，净产值($V+m$)，利润(O)。

总产量是指企业(或农户)在一定时期内生产出的可供出售的主副农产品以及半成品的数量之和。总产量是产出的实物量指标，它以实物单位为计量单位。不同计量单位的产量之间不能直接加总。例如，200 kg 小麦和 100 kg 玉米是无法直接加在一起的。

总产值是指企业(或农户)在一定时期内产出的以货币表示农产品总产量的价值。

(三)农产品经济效益分析

(1)经济效益概念　经济效益是反映所得(或产的)与所费(或投入)和利润等因素之间关系的指标。在社会主义市场经济条件下，它是综合反映人们从事经济活动以满足市场需求和实现盈利性效果的指标。从“所得”与“所费”相配比、“产出”与“投入”相联系的角度来评价经济效益时，可用以下公式表示：

$$E=Y-L$$

或：

$$E=Y/L$$

式中：E 为经济效益绝对值，Y 为所得（产出），L 为所费（投入）实践中，经济效益有正、负和零效益。

(2)农产品经济效益分析指标　从联系农产品产出与投入两方面内容入手，经济效益分析指标主要包括绝对指标（也称差额指标）和相对指标（也称比值指标）两大类。

①绝对指标。绝对指标是反映农产品产出减去投入的差额的指标。在计算时，要注意投入与产出的计算单位必须一致。这类指标主要作用是用净产值反映经济效益，可以消除由于物化劳动的价值转移所带来的影响。

②农产品纯收益。纯收益是指总产值与含税总成本的差额。即纯收益＝总产值－含税总成本＝总产值－总生产成本（物质费用＋人工费用）－税金。

在计算总产值时，对产品出售的部分按实际出售价计算，对自己消费的部分则可参考当地实际销售该产品的市场价格计算。

③相对指标。相对指标是以产出与投入相除的地位反映经济效益的指标。劳动净产率即总产值扣除物质费用后与人工费用的比率。它反映单位劳动投入的产出效率。劳动净产率＝（总产值－物质费用）/人工费用＝净产值/人工费用。

物质费用净产率即总产值扣除人工费用后与物质费用的比率。它反映物资投入的产出效率。物质费用净产率＝（总产值－人工费用）/物质费用。

成本纯收益率即纯收益与总生产成本的比率。它反映单位投入所得的纯收益；该指标值越大说明单位投入所产生的效益越好。成本纯收益率＝纯收益/总生产成本。

成本利润率即利润与总成本的比率。当利润是农产品销售利润时，计算出的则是：成本销售利润率＝利润/总成本。

四、训练步骤方法

(1)收集整理资料　可以由教师提供，也可以让学生自己调查寻找，就某一单位或农户的农业生产资料进行统计整理。

(2)实际案例分析　分析现有的农业生产案例，明确计算方法。

(3)生产成本分析计算　找出成本项目并计算。

(4)产品产出分析计算　分析产品内容并计算收入情况。

(5)经济效益分析　分析农业生产的经济效益并评价。

五、考核标准及配分

①生产投入项目全面，计算方法正确。　25分

②产出项目全面，计算方法正确。　25分

③结果计算准确。　25分

④投入与产出效益分析得当。　25分

六、作业

选择一户农民，分析其生产投入与效益，并提出建议。

综合训练九　稻谷碾磨品质分析

一、训练目的

了解稻米碾磨品质测定项目；掌握稻米碾磨品质各主要项目的快速简便测定方法；能够对稻米外观品质进行简要分析鉴定。

二、训练场所、用具及材料

(1)训练场所　实验室或稻米加工厂。

(2)用具及材料　籼稻或粳稻品种3～4个，小型胶辊电动稻谷出糙机，电动砻米机，1.0 mm圆孔筛，直尺。

三、训练内容

(一)出糙率测定

(1)称取式样　从平均样品中，称取洁净的稻谷试样100 g，两份。

(2)稻谷出糙　先清理，调试好出糙米机，启动电源开关，待出糙机运转正常后，将稻谷试样缓慢的倒入进料斗，脱壳，完毕后停机。抽出糙米斗检查，除去颖壳，如有少量谷粒，需要次脱壳后用手剥去谷壳，使之全为糙米。最后称计糙米质量(精确到0.1 g)。

(3)计算糙米率　按下式计算糙米率：

稻谷出糙率＝糙米质量(g)/稻谷试样质量(g)×100％

两次测定结果允许误差不超过1％，求其平均数，即为检测结果(取小数点后1位)。

(二)精米率测定

(1)碾精米 先调试好砻米机，使之正常运转。再把已称重量的糙米试样入糙米下料斗，让糙米流入碾磨室，缓慢地放下重锤进行加压碾磨5～10 min(使精度达到米皮去净的程度)，然后将开关旋钮转到开的位置，使精米沿导管流入盛料斗，而后停机。取出精米并用1.0 mm圆孔筛，筛去糠层。

(2)称精米重 待精米冷却至室质后，称其质量(精确到0.1 g)。

(3)计算精米率 精米率＝精米质量(g)/稻谷试样质量(g)×100％。

两次测定结果，允许误差不超过1％，平均数即为检测结果(取小数点后1位)。

(三)整精米率测定

(1)筛选法 把已称过精米质量的大米试样放入直径2.0 mm圆孔筛内，下接筛底，盖上筛盖，放在电动筛选器托盘上，挂好拉杆，接通电源，打开启动开关，让选筛自动顺、逆各筛1 min，筛停后静止片刻，将两个筛内的精米分别倒入两个样品盘内，卡在筛孔中间的米粒属于筛上物。留存在圆孔筛内的为整粒精米和大碎米，从中按分类标准分别拣出整粒米，并称其质量(精确到0.1g)。

(2)手选法 把精米置于干净的台桌上或干净的陶瓷盆内，用手直接拣出整粒精米，称其质量(精确到0.1 g)。整粒精米率按下式计算：

整精米率＝整粒精米质量(g)/稻谷式样质量(g)×100％

两次测定结果允许误差不超过2％，求其平均数，即为检测结果(取小数点后1位)。

(四)稻米垩白粒率的测定

垩白粒率即垩白米粒占试样总粒数的百分率。其测定方法是从平均样品中随机数取整精米试样100粒，两份。逐粒目测，拣出试样中具有明显的、白色不透明的垩白米粒，然后数记垩白米粒数。按下式计算：

垩白粒率＝垩白米粒数/试样总粒数×100％

两次测定结果允许误差不超过5％，求其平均数即为检测结果。

(五)米粒长宽比的测定

(1)精米粒长测定　随机数取完整无损的精米(精度为国家标准一等)10粒,平放于测量板上,按照头对头、尾对尾,不重叠、不留隙的方式,紧靠直尺摆成一行,读出长度。两次测试误差不超过0.5 mm,求其平均值即为精米长度。

(2)精米粒宽度　将测量过长度的10粒精米,平放于测量板上按照同一个方向肩靠肩(即宽度方向)排列,用直尺测量,读出宽度。两次测试误差不超过0.3 mm,求其平均值即为精米宽度。

(3)结果计算　长宽比=长度/宽度。

(六)优质食用稻米碾米品质评价

评价标准见表9-1、表9-2、表9-3、表9-4、表9-5。

表9-1　按精米长度分级　cm

名称	级别	长度
特长	1	＞7.50
长	3	6.61～7.50
中等	5	5.51～6.60
短	7	＜5.50

表9-2　按精米长宽比分级　cm

名称	级别	长度
细长	1	＞3.0
适中	3	2.1～3.0
粗	5	1.11～2.0
圆	7	＜1.11

表9-3　优质食用稻米碾米品质分级标准　%

等级	糙米率		精米率		整精米率	
	籼稻、籼糯	粳稻、精糯	籼稻、籼糯	粳稻、精糯	籼稻、籼糯	粳稻、精糯
1	＞81	＞83	＞72	＞74	＞59	＞65
2	＞79	＞81	＞70	＞72	＞54	＞60

表 9-4 优质食用稻米外观品质分级标准 %

等级	透明度和光泽			垩白米率	
	籼米	粳米	糯米	籼米	粳米
1	半透明有光泽	半透明有光泽	乳白有光泽	<5	<5
2	半透明	半透明	乳白	<10	<10

表 9-5 稻米垩白大小分级标准 %

等级	垩白面积
0	0
1	小，垩白面积<10
5	中等，垩白面积 10～20
9	大，垩白面积 >20

四、训练步骤方法

(1)认识各种碾米和测定器具 教师提供各种碾米和测定工具，介绍其用途及用法，安全操作规程。

(2)明确测定项目及方法 根据本校实际情况，选择有代表性的品种，确定测定的项目和方法。

(3)分组测定 将同学分成若干小组，按照所讲内容和要求逐项进行测定。

(4)写一份测定分析报告

五、考核标准及配分

本技能项目满分 100 分，要求达到 60 分以上。

①正确认识和使用各种器具。 25 分

②测定项目全面，结果准确。 25 分

③测定方法、步骤科学合理。 25 分

④测定分析报告认真规范。 25 分

六、作业

调查本地市场上大米品质与价格的关系。

综合训练十　作物生产总结

一、训练目的

掌握作物生产情况调查的方法;能够写出反映生产实际,具有一定技术水平和参考价值的作物丰产技术总结。

二、训练场所、用具及材料

(1)训练场所　校内基地或农户、教室。

(2)用具及材料　当年作物生产计划、当地气象资料、作物生产情况记录等资料,记录本、米尺、铅笔、计算器等工具。

三、训练内容

作物生产技术总结是从技术角度描述生产方案的实施情况,对生产计划的落实形成一个客观的结论。按照生产方案进行的作物生产结束后,将生产中积累的经验和发现的问题进行整理、归纳和分析,研究成功的技术因素,探索规律,分析存在的问题,做出科学的结论,是作物生产中的重要环节。

做好生产总结首先要进行作物生产情况调查。对生产对象的耕作栽培措施、作物生育情况和土壤气候条件进行详细调查,对一些不便于田间调查的项目,可进行室内考种分析,形成详尽的资料。调查主要采用典型调查和抽样调查的方法。典型调查是在生产对象中选取有代表性的生产单位或农户进行调查,了解生产方案实施情况,总结经验教训。抽样调查是从生产对象中随机抽取一定数量的样本,进行调查分析,再根据样本推断总体情况。

在掌握生产情况的基础上,经过资料分析与汇总,撰写作物丰产技术总结。作物丰产技术总结一般由标题、正文和落款三部分组成。做好丰产总结既要保持材料的客观性,进行实例说明,又要进行科学的抽象,形成鲜明的观点。要将系统的作物栽培知识、农业生产知识同专业写作知识相结合,实事求是地反映生产中的成绩和问题。

(一)作物生产情况调查

选取有代表性的农户或生产单位,确定一种当地主栽的作物进行调查。调查的主要内容有:

①作物生产过程中选地、选茬、整地施肥、播种育苗、田间管理和收获贮藏等技术环节的落实情况，成功的因素是什么，在技术上还有哪些问题需要解决。

②农民掌握技术的情况、认识程度、技术操作过程中存在的问题等。

③当地气候条件，包括有利条件和不利条件。

④自然灾害发生情况。

⑤生产成果，包括产量、品质、效益等。

(二)资料汇总

将调查中得到的资料进行认真分析、汇总，对所得的数据进行核实，通过科学抽象找出规律，重点研究生产中各项技术措施产生的结果和暴露出来的问题，提出解决问题的初步想法。

(三)撰写丰产技术总结

根据调查和分析的结果，写出一种作物的丰产技术总结。作物丰产技术总结的内容包括：

(1)生产情况概述　包括时间、背景、条件和结果等。

(2)情况分析　这是总结的主体，主要介绍生产任务完成情况，采取的主要技术措施，取得的成绩和经验教训。

(3)结论和意见　对作物生产情况做出结论，提出今后的改进措施和新的生产目标。在撰写丰产技术总结时要注意以下几个问题：

①占有详细的材料，深入分析，找出规律，使文章的观点准确、鲜明。

②确定结构形式，拟定写作提纲，按提纲要求进行写作。

③抓住特点，突出重点，不要面面俱到。

④以叙述为主，多用数据和实例说明问题。

四、训练步骤方法

(1)作物生产情况调查　可以个人或小组为单位，到本校基地或农户调查，取得详尽资料。

(2)实际案例分析　分析本校或其他已有的生产总结，掌握生产总结的具体写法和要求。

(3)撰写生产总结　由学生以个人为单位撰写生产总结。

五、考核标准及配分

本项技能满分 100 分，要求达到 60 分以上。

(1)作物生产调查　客观选择调查对象,调查内容全面。30 分

(2)资料整理　资料整理详略得当,规范整齐。30 分

(3)总结报告　主题鲜明,技术内容丰富,概括准确,总结恰当,文章布局合理,符合行文要求。40 分

六、作业

查阅资料,掌握本省某一作物农业生产情况。

第二单元　作物栽培技能训练

主要内容

本单元包括十项技能，分别是作物播种、水稻育苗技能、作物田间杂草防除、作物施肥技术、水稻育苗移栽、作物生产的苗期管理、作物生产中期田间管理、作物测产、作物成熟期鉴定、作物考种。

训练目标

学生能够从宏观上全面地了解主要作物栽培的关键技能，从作物播种开始直到收获，能够在生产中熟练操作，独立指导主要作物栽培。

综合训练十一 作物播种

一、训练目的

了解小麦、大豆、玉米播种前种子准备、肥料准备内容；能够根据本地实际情况确定适宜的播种期、正确的播种量、播种方式、种肥种类及用量。

二、训练场所、用具及材料

(1)训练场所 实验室、实训基地。

(2)用具及材料 作物种子、肥料、播种机、种子包衣剂、辛硫磷、多菌灵、福美双、拌种双、皮尺、镐头、盆等。

三、训练内容

(一)小麦播种

1.播种前准备

(1)种子处理 播种前用40%拌种双可湿性粉剂按种子重量的0.2%拌种；或用50%多菌灵按种子重量的0.3%拌种，也可用两种药剂各按种子重量的0.15%混合拌种，防治腥黑穗病和散黑穗病及根腐病；用50%福美双与50%多菌灵，各按种子重量的0.2%混合拌种也可防治腥黑穗病、散黑穗病及根腐病。拌种时要用拌种器，做到混拌均匀，拌种后堆放24 h再进行播种。

(2)播种量计算 播种前，首先要将精选过的种子进行发芽试验。根据种子发芽率、清洁率、千粒重、田间损失率(一般按10%～15%计算，保苗不好的地块按20%计算)和计划保苗株数用下面公式计算播种量。

$$播种量(kg/hm^2)=\frac{每公顷计划保苗株数\times 千粒重(g)}{发芽率(\%)\times 清洁率(\%)\times 10^6\times[1-田间损失率(\%)]}$$

(3)种肥 小麦种肥以氮磷配合效果最好。一般肥力土壤，每公顷施磷酸氢二铵75～120 kg，硫酸铵45～60 kg，尿素22.5～30 kg。缺钾地块可酌施钾肥。

2.播种

(1)播种期的确定 当早春昼夜平均温度稳定通过1～2℃时为小麦适宜播种期，东北地区在3月中下旬到4月上中旬。

(2)播种方式　一般密植幅度为:7.5 cm 单条播,公顷收获穗数为650 万～750 万穗,适宜草多的地块和生荒地;15 cm 单条播,每公顷收获穗数为 600 万～650 万穗,适宜平岗地、平川地、洼地;30 cm 双条播(22.5 cm+7.5 cm)地块,每公顷收获穗数为 525 万～550 万穗,适宜地力好、杂草少、劳动力充足的地块。

(3)播种深度　3～5 cm,播种后镇压。

(二)大豆播种

1.播前准备

(1)种子包衣　精选后的种子用种衣剂进行包衣处理。种衣剂是农药、微肥、生物激素的复合制剂,能促进幼苗生长,对地下害虫、大豆孢囊线虫、大豆根腐病、大豆根潜蝇等都有较好的预防效果。大豆常用种衣剂有 ND 大豆专用种衣剂、30%多克福大豆种衣剂、25%呋多种衣剂等,用量为种子重的 1%～1.5%。种子量较大时进行机械包衣,按药、种子比例调节好用量,按操作要求进行作业。种子量小时可人工包衣,按比例分别称好药和种子,先把种子放到容器内,然后边加药边搅拌,使药剂均匀地包在种子表面。摊开阴干后播种。

(2)微肥拌种　在地下害虫和土传病害不严重的地块,如果测土证明缺微量元素可用微肥拌种。用量如下:钼酸铵,每千克种子用 0.5 g,拌种液量为种子量的 0.5%;硼砂,每千克种子用 0.4 g,首先将硼砂溶于热水中,然后与种子混拌均匀;硫酸锌,每千克种子用 4～6 g,拌种液用量为种子量的 0.5%。

(3)播种量计量　按公顷保苗数要求,根据种子净度、发芽率、百粒重及田间损失率计算播种量。

$$\text{播种量}(kg/hm^2)=\frac{\text{公顷计划保苗数}\times\text{百粒重}(g)}{\text{发芽率}(\%)\times\text{净度}(\%)\times 10^5\times[1-\text{田间损失率}(\%)]}$$

在确定播种量的基础上进行播量调试。田间损失率一般按 10%～15%计算。

(4)种肥用量　种肥以磷为主,配合氮和钾。施氮量不宜过多,否则会抑制根瘤形成,引起幼苗徒长。根据土壤有机质、速效养分含量、品种特性、施肥经验及肥料性质,确定具体的施肥量。一般肥力土壤,每公顷用磷酸氢二铵 100～150 kg,硫酸钾 30～50 kg。

2.播种

(1)播种期的确定　当春季昼夜平均温度稳定通过 8℃时,即可开始播种。黑龙江省 4 月 25 日至 5 月 20 日,吉林省 4 月 20 日至 5 月 5 日,辽宁省 4 月 20 日至 5 月初,是大豆的适宜播种期。

(2)播种方式及公顷保苗数

①精量点播法。采用机械垄上单、双行等距精量点播,双行间距为 10～12 cm。黑龙江省中、南部公顷保苗 19.5 万～30.0 万株,北部则需保苗 34.5 万～39.0 万株。吉林省肥地公顷保苗 16.5 万～19.5 万株,肥力中等地块保苗 19.5 万～24.0 万株,薄地则需 24.0 万～30.0 万株。辽宁省中部一般每公顷保苗 15.0 万～18.0 万株。东部降雨多,土质肥沃,适宜保苗数在 12.0 万～15.0 万株,而西部降雨少,土质瘠薄,公顷保苗多在 18.0 万株或更多。

②等距穴播法。行距 65～70 cm,穴距 18～20 cm,每穴 3～4 株。公顷保苗 18 万～21 万株。

③窄行密植播种法。黑龙江省北部地区多采用此种播种法。行距 45～50 cm,密度大,公顷保苗 35 万～45 万株。

(3)播种深度　3～5 cm,播种后镇压。

(三)玉米播种

(1)品种选择　选择适宜当地的优良品种。

(2)播种期的确定　生产上当土壤表层 5～10 cm 深处温度稳定在 8～10℃时开始播种为宜。播种过早、过晚,对春玉米生长都不利。

(3)播种密度　公顷保苗数 4.5 万～6 万株。肥水条件好的高产田,可采用适宜密度的上限;一般田可采用适宜密度的中、下限,具体密度依品种确定。

(4)播种方式

①等行距种植。种植行距相等,一般为 60～70 cm,株距随密度而定,一般 40～60 cm。

②宽窄行种植。也称大小垄种植,行距一宽一窄,宽行 80～90 cm,窄行 40～50 cm。

(5)播种深度　3～5 cm,播种后镇压。

(6)播种量　可参考大豆计算方法。

(7)播种方法　可采用机械播种或人工播种。

(四)人工播种技术

人工播种主要用于科研育种田、小面积试验田等,主要技术环节如下:

(1)开沟　用犁杖或搞头开沟,沟宽 15～20 cm,深 3～5 cm,注意开沟一定要直,沟宽均匀,沟深一致。

(2)播种　玉米子粒较大,一般常用点播法,每穴 3～5 粒,穴距 35～40 cm,要点是穴距一致,播量准确,撒种均匀。

(3)踩底格子　播种后立即踩,目的是使种子与土壤紧密接触,注意底格子要踩严、踩实，不要漏踩。

(4)施种肥　为了满足玉米幼苗期对养分的需求，有利于根系发育、幼苗健壮、出叶快的作用，用氮肥做种肥，使用量不宜太大，以免烧种。一般硫酸铵 5.0～7.5 kg/667 m^2，磷肥做种肥与氨态氮肥混合使用可提高肥料的利用率。施于两穴中间，用量均匀。

(5)覆土　播种完成后用"V"字形农具或人工覆土，厚 3～4 cm，覆土要严实。

(6)踩顶格子　覆土后立即踩顶格子，尤其在土壤墒情不足的情况下，要踩好，踩严，目的是踩实土壤可形成更多毛细管，促进地下水上升。

四、训练步骤方法

(1)播前准备　对给定面积的地块确定播种作物种类和品种，分别计算出所播作物(大豆、小麦、玉米)的播种量和种肥用量。

(2)播种　确定适宜播种期后，在教师的指导下进行播种操作。

(3)播种质量检查　播种后及时检查播种质量并进行评价。

五、考核标准及配分

本技能满分 100 分，要求达到 80 分以上。

①播前准备全面，计算用量合理，操作正确。　40 分

②播种期确定适宜，播种技术熟练。　30 分

③能够正确进行播种质量检查。　30 分

六、作业

写一份实训报告。

综合训练十二　水稻育苗技能

一、训练目的

了解水稻育苗的原因及常用方法；能够独立进行水稻育苗。

二、训练场所、用具及材料

(1)训练场所　实验室、实训基地，或到其他大型水稻育苗基地参观。

(2)用具及材料　水稻种子、盐、水桶、笊篱、温度计、比重计、鲜鸡蛋、天平、

1 000 mL 烧杯、喷壶、石灰水、咪鲜胺、水稻苗床除草剂、卷尺、烘箱、剪子、皮尺、棚膜、地膜、竹劈、塑料绳、木桩、锹、耙子、筛子、喷雾器、水稻秧盘、育苗棚、墩土板、化肥、有机肥、五氯硝基苯、立枯灵粉。

三、训练内容

(一)秧田选择

秧田宜选择地势高燥、平坦、水源方便、土质肥沃、有机质含量高、透水性好、杂草少、偏酸性的旱田。

(二)种子处理

(1)选种　选非糯稻时溶液的相对密度为 1.10～1.13(每 50 kg 水加食盐10～11.5 kg),选糯稻时溶液相对密度为 1.08 左右(每 50 kg 水加 8 kg 食盐)。充分搅拌溶解后用波美比重计或鲜鸡蛋测定相对密度,使用鸡蛋时,要掌握其顶端露出水面达 5 分钱硬币大小为宜。选种时要充分搅拌,使秕谷和杂物漂浮,然后捞净。盐水选种后要用清水洗至无咸味为止,除去附在稻壳上的盐分,以免影响发芽。

(2)浸种消毒　浸种时水温为 10～15℃时,时间为 5～6 d,5～6 h 搅拌 1 次。为防水稻病害,可在浸种时加入药剂,同时进行消毒。可用 1%石灰水浸种 4～6 d。目的是利用石灰水与空气接触,在溶液表面形成一层碳酸钙结晶膜,隔离空气,闷杀水稻、胡麻斑病、水稻恶苗病及稻瘟病的病原菌。浸种时,不要破坏水面上的石灰膜。石灰水浸种后要用清水冲洗净种子表面才能催芽。如果只防恶苗病,可用 25%使百克(咪鲜胺)乳油 3 000～4 000 倍液浸种 2～3 d。咪鲜胺处理后的种子可直接继续浸种或催芽,不需冲洗。

(3)催芽　技术要点是:高温破胸,适温催芽,低温晾芽。破胸适宜的温度为 30～32℃,当 70%种子破胸时,要降温到 25℃催芽,当芽长 2 mm 时,放在 15℃左右的低温下晾芽 6 h 以上以待播种。

(三)整地作床播种

当昼夜平均温度稳定通过 5～6℃即可进行水稻苗床播种。

1. 棚盘育苗

(1)育苗棚规格　大棚高 2 m 以上,宽 6 m 左右,长 20 m 以上。一个大棚可放置 600 个左右的育秧盘。

(2)床土配制　用 70%的肥沃园田土或旱田土,30%发好的草炭、山地腐殖土和腐熟的农家肥配制。每 270 kg 配制好的床土与 2～2.5 kg 水稻壮秧剂混合均匀,6 个子盘置 1 m^2 苗床,插 1 hm^2 本田需 450～525 个子盘,每盘用 3 kg 床土。

(3)播种　置床要浇透底水,育秧盘先装土 2～2.5 cm,压平后播种,用喷壶浇透水，覆土 0.5 ～1.0 cm。

2. 标准化旱育苗

(1)育苗棚规格　小棚宽 1.5 m，长 10～15 m，床间过道 40～50 cm。也可做成中棚、大棚。秧田与本田比例为：中苗 1∶(60 ～70)，大苗 1∶(40～50)。

(2)床土配制　每平方米加腐熟有机肥 10 kg，磷酸氢二铵 100 g，硫酸铵50 g，硫酸钾 50 g，与 3～5 cm 床土充分混拌均匀。

(3)床土调酸与消毒　水稻秧苗最适 pH 值为 4.5～5.5。中性土每平方米用 95%浓硫酸 30 mL，兑水 100 倍喷洒。为防立枯病，每平方米用 70%敌克松 2.5 g，兑水 1 000 倍喷洒。也可在施完腐熟有机肥后直接用水稻壮秧剂，每袋 2.5 kg，均匀撒施于 20 m^2 床面，与 3～5 cm 床土充分混拌均匀，一次性完成调酸、消毒、施肥工作。

(4)浇透底水　至床面有明水为止。

(5)播种　中苗每平方米播芽籽 275 g，大苗每平方米播芽籽 200 g。分两次或多次播下，下籽要匀。

(6)覆土　过筛细土 0.5～1.0 cm 厚。

(7)封闭灭草　用 50%杀草丹 0.45～0.6 mL/m^2 加水 1～2 L，于覆土后进行喷雾封闭除草。

(8)覆膜　先覆一层地膜，每隔 0.5 m 插一竹劈，竹劈高 0.5 cm 左右，上覆塑料棚膜，膜要压严。如在已建好的大棚内育苗覆完地膜即可。

3. 抛秧盘营养钵育苗

(1)育苗盘用量计算　秧盘用量个数＝每平方米穴数×面积(m^2)÷秧盘的钵数×1.2(保险系数)。秧田与本田比例为 1∶80。

(2)床土配制　置床土配制参照标准旱育苗配制方法。

(3)播种　播种前置床浇透底水。每穴播 4～5 粒种子，每盘播芽籽 60～70 g。苗床铺放秧盘时，盘与盘之间要紧密衔接不留空隙，并防止秧盘底部与床面接触不好而造成透风出苗不齐。应边摆盘边用平板压秧盘，摆盘装土后用喷壶浇水，上覆过筛细土。覆土不要太厚，以盖上盘面露出边为宜。

除以上育苗方式外，还有无纺布育秧、水育秧等，各地可根据情况选用。

(四)秧田管理

(1)播种至出苗期　应采取保温、保湿措施，以促进出苗整齐一致。

(2)出苗至一叶一心期　此期最适温度是 25～28℃，不能超过 30℃。秧苗出齐后，撤除地膜，同时要通风炼苗。通风以棚膜开口大小调节床温。此期一般不浇水，控制土壤水分，以促进根系发育。

(3)一叶一心至二叶半期 此期秧苗容易徒长,温度管理应严格控制在20～25℃,严防高温烧苗。水分管理上,如果早晨叶尖不吐水珠或水珠很少,中午叶片打卷,应及时浇水,并一次浇透,切不可少量勤浇。一叶一心期,喷敌克松1 000倍液,每平方米2.5～3.0 g,以防立枯病。

(4)二叶半期至起秧 这一阶段的主要任务是进一步提高秧苗素质,加强炼苗,为插秧做准备。在温度管理上,要严防高温烧苗和使秧苗徒长,棚温控制在20℃,棚模逐步做到昼揭夜盖。当出现缺水现象时立即浇水,仍然是一次浇透的原则。在插秧前5～7 d,当外界温度高于7℃时,要昼夜揭膜,使之适应外界环境。秧苗二叶半期,发现脱肥的苗床每平方米用尿素1.5～2.0 g,硫酸锌0.25 g,稀释100倍液根外追肥。带土移栽的,起苗前每天每平方米追磷酸氢二铵150 g;拔秧移栽的,拔秧前5 d左右,每平方米追尿素1.5～2.0 g,稀释100倍液,做送嫁肥,追肥后浇水。

四、训练步骤方法

(1)确定育苗方式 根据当地实际,选择合适的育苗方式。

(2)计算用种量 根据水稻生产面积,确定用种量。

(3)种子处理 在实验室分别进行种子精选、浸种、消毒和催芽等工作。

(4)整地做床 根据育苗方式,确定做床的大小和形式。

(5)播种 根据育苗方式,采用不同的播种方法。

(6)苗期管理 及时对苗期进行调查和管理。

五、考核标准及配分

本技能满分100分,要求达到70分以上。

①采用育苗方式正确,符合本地实际。	10分
②用种量计算方法得当,计算准确。	20分
③种子处理合理,方法正确。	20分
④整地做床速度快,大小合适。	10分
⑤播种技术熟练准确。	20分
⑥苗期管理及时正确。	20分

六、作业

写一份实习报告。

综合训练十三　作物田间杂草防除

一、训练目的

了解各种作物田的主要杂草种类；掌握常用除草剂的种类和特点；能够根据不同作物选择相应的除草剂并正确使用。

二、训练场所、用具及材料

(1)训练场所　实训基地或农户。

(2)用具及材料　不同作物田使用的除草剂，量筒、烧杯、玻璃棒、胶皮手套、口罩、背负式喷雾器或喷雾机械。

三、训练内容

作物杂草防除分两个阶段：一是播种后苗前防除，二是苗后防除。前者一般用化学除草剂防除；后者可以用化学除草剂防除，也可用人工防除。这里主要以化学防除为主进行训练。

(一)除草剂类型

化学除草是指用除草剂除草。除草剂是指用于农田灭除杂草和有害植物的化学药剂。化学除草剂一般按药剂的作用方式、在植物体内的移动情况、化学结构和使用方法进行分类。根据在植物体内的移动情况分为触杀型除草剂，如除草醚；内吸型除草剂，如 2,4-D 丁酯。根据使用方法分为茎叶处理剂，如虎威；土壤处理剂，如乙草胺。根据化学结构分为无机除草剂、有机除草剂，其中有机除草剂如苯甲酸类、酰胺类、有机杂环类等。根据除草剂对植物作用的性质可分为灭生性除草剂和选择性除草剂，施用后能杀伤所有植物的药剂称为灭生性除草剂，如草甘膦等；施用后有选择地毒杀某些种类植物的称为选择性除草剂，而对另一些植物无毒或毒性很低的药剂，如 2,4-D 丁酯可防除阔叶杂草，但对于禾本科杂草无效等。

根据化学除草的时间可分为秋施除草剂(黑龙江省)和春施除草剂。秋施除草剂是防除第二年春季发生的杂草的有效措施，秋季施药比春季施药对大豆、玉米等作物更安全，并可提高药效 5%～10%，增产 5%～8%，是与大豆垄三栽培、玉米地膜覆盖移栽、秋施肥、秋起垄相配套的新技术。采用土壤处理，除草剂的持效期易受有效成分挥发、光解、化学和微生物降解、淋溶、土壤胶体吸附等因素的影响。黑龙江冬季严寒，微生物基本不活动，秋施除草剂相当于把除草剂放在室外贮存，降解量很少，春季杂草萌发就能接触到除草剂。春季施用除草剂有三种方法：一是播种前土壤处理，二是播种后苗前封闭除草，三是出苗后茎叶处理。

(二)杂草类型

农田杂草的种类很多，旱田常见杂草有阔叶杂草，如藜、苋、苍耳、蓼、鸭跖草等；禾本科杂草如稗、狗尾草、野燕麦、毒麦；水田杂草如稗、雨久花、泽泻、眼子菜等。

(三)除草剂选择

化学除草要重视除草剂品种和配方的选择及经济效益、生态效益、社会效益，合理安全使用农药。要视除草剂品种结构的调整选择，要根据农田中杂草种类选择适宜的除草剂，可选单一的除草剂，也可选用两种或两种以上除草剂混合的复配剂。坚持标准作业，防止药害。认真执行喷雾机械的调整和田间作业操作规程。

选择大豆田除草剂，首先要选择杀草谱宽，持效期适中(1.5～3 个月)，不影响后茬作物正常生长，以土壤处理为主，以苗后茎叶处理为辅，尽量秋施或春季播后苗前混土施药。根据大豆田中杂草种类选择除草剂，如鸭跖草为一年生大豆田难治杂草，可选用宝收、都尔、乙草胺、广灭灵等除草剂在秋季施药或春季播前或播后苗前施药。苣荬菜、刺儿菜、大刺儿菜(大蓟)等也是大豆田难治杂草，可选用广灭灵、宝收、阔草清、排草丹、虎威等除草剂在苗前、播前或播后苗前施药。禾本科杂草可选用精禾草克、拿捕净、精稳杀得等除草剂。

小麦田重点防治阔叶杂草和野燕麦。防治野燕麦可选用燕麦畏，春施秋施均可，药效稳定，对小麦有增产刺激作用；苗后可选用骠马、野燕枯、禾草灵等除草剂。麦田防治阔叶性杂草可选用磺酰脲类除草剂，如宝收、巨星等，对小麦安全，缺点是见效慢，而伴地农和使它隆对小麦安全，对一年生阔叶杂草药效好。

玉米田化学除草应以苗前土壤处理为主，苗后茎叶处理为辅。玉米田防除一年生禾本科杂草和部分阔叶杂草可选用乙草胺、都尔、普乐宝等除草剂；防除禾本科杂草和阔叶杂草可选用玉农乐；防除阔叶杂草可选用宝收。苗前除草剂在施药前要把地整平，无大土块，秋施或春季播前施药，施后用双列圆盘耙交叉耙一遍，耙深 10～15 cm，耙后可起垄。播后苗前施药，施药后可用旋转锄浅混土 2～3 cm；起垄播种的还可在施药后用机械培土 2 cm，并及时镇压保墒。最好播种后随即施药，一般在播后 3 d 内施药，苗前施用的除草剂多数对杂草幼芽有效，施药过晚，杂草已长大，会降低除草效果。如果苗后施用的除草剂对作物安全，要以杂草幼苗的大小确定施药时期，施药不可过早，过早杂草出苗不齐，晚出苗的杂草还需采取其他灭草措施；施药过晚，杂草产生抗性，特别是在大豆、玉米田防治阔叶杂草，药剂的药效明显降低，某些除草剂对作物不安全。施药时气温如果超过 27℃，应停止施药，因温度过高易引起药害或造成药液飘移、挥发而降低药效。气温过低也易引起药害，气温低于15℃时应停止施药。

在水稻田进行化学除草，选择除草剂首先应考虑安全性。目前上市的稻田除草剂价格高的安全性好，价格低的需要使用者技术水平高。可以选择使用的有农得时、草克星、吡嘧黄隆、草灭星、金秋、威农、太阳星等，主要防治一年生和某些多年生阔叶杂草，对难治的稗草有效；禾大壮可防治3～4叶期稗草；防治多年生的莎草科杂草，可选用排草丹，最安全有效。

(四)田间施药方法

(1)手动背负式喷雾器 适于小面积喷洒作业。施药前首先观察风向，喷洒方向应与风向一致，走向与风向垂直或不小于45°。行速一般1.0～1.3 m/s；当压力达到要求时，打开直通开关喷药。

(2)大型喷雾机械 适用于大面积作业。具有喷洒均匀、效率高等特点。作业前要丈量好土地，做好田间设计。喷洒土壤处理剂时，为避免重喷漏喷，拖拉机要带划印器，以便使两个喷幅间衔接准确。喷洒时应先给动力，然后打开送液开关喷洒，停车时应先关闭送液开关，后切断动力。

四、训练步骤方法

各校根据实际情况选择2～3种作物进行化学除草。

(1)调查市场上销售的除草剂种类

(2)针对不同作物选择除草剂 针对某一具体作物，选择相应除草剂。

(3)田间施药 根据不同时期选择合适的机械进行田间施药操作。

(4)除草效果调查

五、考核标准及配分

本技能满分100分，要求达到70分以上。

①针对具体作物和时期正确选配除草剂。 40分

②正确计算除草剂用量，施药时期及时。 20分

③田间施药方法科学(包括安全问题)。 20分

④除草效果好，无药害。 20分

六、作业

总结化学除草操作过程中存在的问题和取得的成绩。

综合训练十四 作物施肥技术

一、训练目的

了解各主要作物的需肥规律；掌握各种作物的施肥时期、施肥方法；能够根据不同作物制定出一套包括基肥、种肥和追肥的施肥方案。

二、训练场所、用具及材料

(1)训练场所 实训基地或农户。

(2)用具及材料 氮肥、磷肥、钾肥、叶面肥、背负式喷雾器或喷雾机械、追肥机械、镐、锄。

三、训练内容

(一)春小麦施肥技术

(1)春小麦的需肥特点 春小麦播种早，生育期短，幼穗分化开始早，进程快，过程短，加上早春温度低，微生物活动力弱，有机质分解缓慢，土壤中速效养分少。因而形成了春小麦需肥早、需肥集中、需肥迫切的特点。施肥要求数量足，时间早，并要求速效性肥料。

(2)春小麦施肥技术 春小麦施肥分基肥、种肥、追肥等几种形式。有机肥最好有目的地施在其前茬上，春小麦利用前茬残留的速效养分，比较适合于小麦生育期短，需肥集中的特点。充分利用有机肥的后效，增产效果很显著。可以结合耕翻整地将有机肥施入耕层内或结合耙地、旋耕施入，每公顷用量 15～30 t。

种肥主要满足苗期养分需要，一般肥力土壤上，每公顷施磷酸氢二铵 75～120 kg，硫酸铵 45～60 kg，尿素 22.5～30 kg。瘠薄地适当增加氮肥用量，白浆土可适当增加磷肥用量。化肥提倡秋深施，于封冻前将化肥总量的 2/3 深施 8～12 cm。尿素有烧种现象，不宜施用过多。

追肥一般在生长中后期根据作物生长情况来定，旱作小麦在施足基肥和种肥的情况下，除可进行叶面喷肥外，可不再追施肥料。一般只有在基肥和种肥施量不足时，才进行追肥。目前大面积机械化追肥时，多在小麦三叶期用播种机将肥料施在行间 3～5 cm 土层内，追肥主要是氮肥，一般不用磷肥做追肥(做种肥时一次施入)。追肥时最好根据气象预报，在雨前追施较有利充分发挥肥效。为了防止烧苗，应在露水干后进行。如果有灌溉条件，追肥后进行灌水，更能充分发挥肥效。

一般每公顷可追尿素 112～150 kg。小麦抽穗后喷施 3%的尿素溶液或 0.2%～0.4%的磷酸二氢钾溶液，每公顷喷液 750～1 500 kg，能显著提高产量，改善品质。

(二)水稻施肥技术

一般每公顷化肥施用量为：氮素 115～138 kg(尿素 250～300 kg)，磷素 46～70 kg(磷酸氢二铵 100～150 kg)，钾素 50～75 kg(硫酸钾 100～150 kg)。地力高的用下限，地力低的用上限为宜。

(1)基肥施用　与小麦相似。

(2)追肥

①分蘖肥。作用是促进有效分蘖发生，于水稻缓过苗后马上施用。分蘖肥一般应占总氮肥量的 20%～30%。

②穗肥。施用穗肥，既可促进颖花数量增多，又可防止颖花退化，提高结实率和千粒重。因而穗肥在抽穗前 15 d 左右施用较为适宜，目的是在抽穗前 12 d 左右的减数分裂期见到肥效。抽穗前 15 d 左右是水稻倒数第二叶已展开、剑叶露尖的时候，施肥量为氮肥总量的 10%～15%和剩余的钾肥。在水稻长势过旺、封行过早或发生病害时施钾不施氮。

③粒肥。粒肥有延缓抽穗后叶面积下降及提高叶片光合能力，增加粒重的作用。粒肥的施肥时期应在齐穗期，占氮肥总量的 5%～10%。贪青晚熟地块不追氮肥。

(3)直播稻施肥技术　直播稻施肥种类与用量与插秧稻类似，但各次比例有所不同，基肥中氮肥占总量的 40%～60%；分蘖肥占氮肥总量的 20%，在水稻 4 叶期施用；穗肥占氮肥总量的 30%，在剑叶露尖时施用。

(三)大豆施肥技术

(1)基肥　基肥应以有机肥为主，配合化肥，施用量应占施肥总量的 70%。一般中等肥力的地块，每公顷施有机肥 15～22.5 t。基肥中应配合化肥，在一般土壤肥力下，每公顷施用磷酸氢二铵 100～150 kg。基肥的施用方法因整地方法而异，施肥量大，可在翻地或者耙地前撒施；施肥量小，垄作地块，于打垄时施于垄底，扣垄或者破垄夹肥。

(2)种肥　种肥以磷肥为主，配合钾肥。主要肥料有磷酸氢二铵、过磷酸钙、三料磷肥等。在瘠薄的地块，大豆生长不能达到正常繁茂程度时，种肥要配合氮肥。

(3)追肥　在土壤较肥沃，底肥、种肥用量充足，植株生长健壮、繁茂时，可以不追肥，防止徒长倒伏或引起落花、落荚。在土壤肥力较低的地块，大豆苗期生育较弱，封垄有困难时，可于大豆分枝期或初花期追肥。

追肥分根际追肥和叶面喷肥两种。根际追肥在垄侧距植株 5～10 cm 远处开

5～10 cm 深的沟，肥料施在沟内，施肥后立即中耕覆土，减少肥料损失。缺磷时用磷酸氢二铵，每公顷用量 37.5～75 kg。缺氮时可用尿素追施，追肥量一般为每公顷用尿素 30～50 kg。如进行根外追肥一般在初花期至初荚期喷施。喷一次在初花期；如果喷两次则在初花期喷一次，终花期至初荚期再喷一次。根外追肥可用钼酸铵、尿素、硝酸铵、过石、磷酸二氢钾等，依据所缺元素种类而定。混合追肥时一般每公顷用尿素 7.5～15 kg，钼酸铵 150～200 g，磷酸二氢钾 1.125 kg。用背负式喷雾器喷肥时，每公顷用水量 750～1 500 kg。

(四)玉米施肥技术

(1)基肥　与小麦相似。

(2)种肥　种肥以磷肥为主，配合氮肥和钾肥。在肥力低的土壤上可增加氮肥用量。一般每公顷施磷酸氢二铵 112.5～150 kg，或尿素 75 kg 加三料磷肥 75 kg。施于种子下 3～5 cm 处。缺锌地块需施锌肥做种肥，每公顷施硫酸锌 15 kg。

(3)追肥　追肥以氮肥为主，追肥的次数、时期依土壤基础肥力高低、基肥数量和品质、品种及苗情而异。从穗分化的角度看，玉米追施氮肥最佳效果时期在玉米雌穗生长锥伸长至雌小花分化期，这一段时间是决定玉米果穗大小与每行粒数的关键时期。不同品种应根据叶龄指数来确定追肥时期。叶龄指数＝(展开叶片数/本品种总叶片数)×100。玉米雌穗生长锥伸长期的叶龄指数为 46.5～48.9，玉米雌小花分化期(即雄穗四分体形成期)的叶龄指数为 60.6～63.2。第一次追肥应使肥料在叶龄指数为 46.5～48.9 时发挥出效果。追肥量为每公顷追施尿素 187.5 kg 左右。第二次追肥应使肥料在叶龄指数为 60.6～63.2 时(即大喇叭口期)发挥出效果，追肥量为每公顷追施尿素 112.5 kg 左右。根据品种总叶片数和叶龄指数，计算出施肥时的展开叶片数后，为使肥料在此期发挥出效果，应减去 0.5～1.0 片叶，为追肥时的展开叶数。

追肥方法：距植株 10 cm 远，深 10～15 cm 为宜，施肥均匀。辽宁地区一般在玉米垄体两侧撒施或穴施，然后立即进行中耕。

四、训练步骤方法

(1)制定施肥方案　设计出一种作物的基肥、种肥和追肥的施用方案，包括所用肥料的种类、数量、施用时间、施用方法。

(2)施肥操作　结合本校实际，在教师指导下进行一种作物的基肥施用，2～3 种作物的种肥和追肥施用。

五、考核标准及配分

本技能满分 100 分，要求达到 70 分以上。

①施肥方案设计科学。　40 分

②施肥时期方法数量正确。　30 分

③追肥技术操作熟练。　30 分

六、作业

总结比较不同作物施肥异同点，并写本次实训报告。

综合训练十五　水稻移栽

一、训练目的

了解水稻的各种移栽方式，不同移栽方式的优缺点；掌握水稻不同移栽的技术要求并熟练操作。

二、训练场所、用具及材料

(1)训练场所　水稻生产基地。

(2)用具及材料　插秧机、抛秧机、插秧绳、小车、靴子等。

三、训练内容

(一)移栽期的确定

适时早插是东北地区水稻高产关键，适时早插能充分利用生长季节，增加有效穗数，避免早霜危害。适时早插以栽后能及时返青成活为限。水稻发根的最低温度为 14℃，分蘖最低温度为 15～16℃，因此插秧期以日平均气温稳定在 13℃以上开始插秧较为合适。北方一季稻区一般在 5 月下旬插秧，南方一般安排在由高温向低温季节，也就是适宜安排在中晚稻季节栽培为好，即最佳播期在 7 月上旬，最适移栽期在大暑边和 7 月底，秧龄 25 d 左右。

(二)移栽地块选择与整地

(1)田面平整　做到一块田地高低差不过寸，保证排灌均匀，水层一致，利于发挥除草剂作用。

(2)耕层深厚　耕作层是水稻根系的主要活动层，厚度在 12～20 cm 之间。通过翻耕加深耕层，没有漏耕、重耕、立垡、回垡现象，利于水稻根系深扎，扩大根系吸收水分、养分的范围。

(3)保水保肥　在旱整地的基础上，进行适当的水整地，使稻田土壤达到上糊下松，有水有气，保水保肥。

(4)利于排除盐碱　尤其北方稻田盐碱地较多，通过农田基本建设，灌排渠系配套，平整土地，合理耕作，深沟排水洗盐碱，是盐碱地种植水稻的关键措施。

(5)合适的土壤质地　冲积层土壤、灰褐色土壤和第三层土壤产出稻米食味好。火山灰土壤、泥炭土及乐质土壤产出的稻米食味差。

(6)灌水泡田　在移栽前根据土地和播种期适时灌水泡田，将土块浸透泡软，在插秧前 2～3 d 开始水耙地，耙地时将水撒成“花达水”，便于耙地作业和找平。而后再用耢子进一步拖平田面，为插秧和以后灌水创造良好条件。机耙一般在机后带拖板，进行耙耢连续作业。

(三)移栽要求

(1)插秧　插秧有机械插秧和人工插秧。北方稻区常采用长方形插秧方式，水稻生育后期行间通风透光好，对分蘖成穗、灌浆成熟及防止病害、倒伏都有积极效果。由于目前各地条件、品种类型等不同，插秧规格也不同，如东北地区紧凑性品种插秧行距 30 cm，穴距 15 cm，每穴 3～5 株，每 667 m^2 1.5 万穴左右，4 万～10 万基本苗；松散型品种插秧行距 30～35 cm，穴距 16.7～20 cm，每 667 m^2 1.0 万～1.4 万穴，3 万～6 万基本苗。河北、山东、北京等华北地区插秧行距 26.7～30 cm，穴距 10～16.6 cm，每穴 3～5 株，每 667 m^2 1.5 万～2.2 万穴，5 万～10 万基本苗。南方稻区插秧密度一般高于北方。

栽秧质量直接影响秧苗成活率高低、返青快慢、分蘖迟早和产量高低。对栽秧质量要求是：壮秧带土移栽，做到浅、稳、直、匀，关键是浅和稳。因为浅栽温度高，氧气足，利于缓苗、扎根和分蘖。浅栽一般不宜超过 3.5 cm，只要插稳不倒即可。

(2)抛秧移栽　是近几年在水稻产区开始推广的一项新技术，2002 年又被农业部作为重点项目进行推广，这是一项省工省力的水稻栽植技术。前面介绍的育秧方式也适宜于抛秧栽植。

①运秧与拔秧。抛秧前可将秧盘直接运往田间，也可将秧苗从盘中拔出，装入箱子或篮子运往田间。

②抛秧方法。抓一把秧苗活动一下，使他们的根相互分开，然后向空中抛去，使其从高空自由落体，秧苗竖着固定在泥浆土上。每一次抛出 8～10 棵土坨秧苗，抛秧高度 5～8 m，把应抛的全部秧苗分成两次抛，第一次抛出所需秧苗的 60%～70%，然后再抛剩下的 30%～40%，以便使秧苗分布均匀。

③抛秧要求。在宽阔稻田抛秧，为了使秧苗分布均匀，可用绳子把稻田分成若干小块，然后根据面积大小，规定每块地的苗数，抛秧后，把抛落在绳子左右 30 cm 宽的地方的秧苗收起来，把它补抛到稀疏的地方。30 cm 没有抛秧的地方可留作小道，方便各种作业。为了更好地使秧苗根黏附于土壤，抛秧后 0.5 d 或 1 d 灌浅水，以利于倒伏的秧苗直立起来。

④抛栽密度。有研究认为，在一般肥力水平下，稻麦两熟制稻区，抛栽密度以每 667 m^2 2 万穴，8 万基本苗为宜。进而确定了划块定盘、以盘定苗的操作方法。全国而言，每 667 m^2 抛栽密度以 2 万穴为宜，北方略低，约 1.7 万穴。南方双季稻较高，约 2.4 万穴，基本苗为 8 万～12 万。

四、训练步骤方法

(1)观察水稻机械插秧、人工插秧、人工抛秧和机械抛秧　到相关地区参观不同方式水稻移栽，增强感性认识，了解基本环节。

(2)插秧操作　到农户家或本校实训基地进行插秧训练，以小组为单位，从整地开始，陆续进行泡田、找平、移秧、插秧等各项技术环节操作。

(3)抛秧操作　到农户家或本校实训基地进行抛秧训练，以小组为单位，从整地开始，陆续进行泡田、找平、移秧、抛秧等各项技术环节操作。

(4)质量检查　对水稻移栽结果进行检查，对存在的问题进行修正。

五、考核标准及配分

本技能满分 100 分，要求达到 70 分以上。

①移栽时期及时。　20 分

②整地质量标准。　20 分

③人工插秧技术熟练，效果好。　30 分

④抛秧质量技术熟练，效果好。　30 分

六、作业

调查当地水稻主要的移栽方式及原因。

综合训练十六 作物生产的苗期管理

一、训练目的

了解不同作物苗期生育特点;掌握苗期管理的主要项目;能够针对某种作物进行正确管理。

二、训练场所、用具及材料

(1)训练场所 学院作物生产训练基地。

(2)用具及材料 锄头、尺等。

三、训练内容

苗期一般是指从出苗到分蘖(分枝)全部建成,是以营养体生长为主的时期,从栽培角度讲是促使苗情转化,为获取较高产品打基础的时期。苗期是长根、长叶、茎节分化的营养生长时期,地下部根系生长快,地上部生长较慢,以根系建成为中心。

(一)生育特点

大田作物苗期的生育特点可概括为以下四点:

(1)从器官建成角度讲 主要生长的是营养体,即处于营养生长时期,主要生长发育的器官有根(包括种子根、次生根、分枝根)、叶(包括子叶和部分真叶)、茎(或分枝)。并按同伸规律陆续发生分蘖并达到高峰,双子叶植物基部茎节也开始生长。

(2)从生长角度讲 其生长速度较慢,生长量较小,这一时期地面覆盖度较低,地面蒸发量较大,光合作用形成的产物也少,但这一时期根系生长较快,应创造良好的土壤通透条件,促进根系发育,形成庞大的根系。

(3)从新陈代谢角度讲 以代谢为主,其光合产物主要用于器官建成,这时期应保证氮的充足供给。

(4)自养转向异养 三叶期以前靠种子胚乳的养分来建造营养体,这一时期生长发育的矛盾比较少,对外界环境的要求主要是土壤通气状况。

(二)主攻方向

苗期田间管理是作物生产的重要一环,其主攻方向是:在精细播种的基础上保证苗全、苗齐、苗匀、苗壮,促进根系发育,控制地上部生长,达到根多、苗壮、茎扁、叶片宽厚的壮苗要求。禾谷类作物是为争取穗数打基础，而棉花为争取果枝数、豆类为争取荚数奠定基础。

对于禾谷类作物来说，苗全是穗数的基础，苗齐是穗齐的基础，苗匀是创造合理群体结构的基础，苗壮是核心，只有苗壮才能争取足够的穗数。壮苗在不同作物上有不同的标准，但一般应具备：①有较大的接受光能的叶片和有较强吸收能力的根系；②应具有稳定增长干物质的能力和生长量稳定增长的能力；③有较为合理的物质的分配；④有较强的适应能力和抗逆能力；⑤便于田间管理的能力等五个条件。无论是哪一类作物，或者是不同的生育时期，均可按上述标准衡量是否为壮苗。粮食作物产量组成因素多数为穗数、粒数、粒重，壮苗则是争取穗数的基础，只有壮苗才能稳健生长，高产而且不倒伏，同时为粒数和粒重的增加创造协调发展的条件。

(三)农艺措施

苗期管理的核心是培育壮苗。壮苗的培育是在种好的基础上，抓准、抓好农艺措施来实现的，主要农艺措施是：

(1)查苗补种(补栽) 田间出苗后应及时检查，对漏播、地头、田间障碍物附近播种不方便的缺苗断垄处及时补种或补栽，以达到全苗。

(2)勤松土 勤松土能提高地温促进幼苗的生长，早春或春季播种的作物，出苗以后地温较低，勤松土可提高地温(俗话说“锄头下面有火”)，又能保墒(“锄头底下有水”)，有利于幼苗的生长，棉花苗期勤中耕还能有效地控制立枯病的发生。

(3)根据苗情采取促控措施 在小麦返青期，是促苗情转化的关键时期，即弱苗通过促进措施达到壮苗，旺苗通过控制转化为壮苗。春玉米苗期通常采取蹲苗措施控制其生长；棉花苗期则要打赘芽，控制营养技的生长等，也可采用植物生长调节剂进行化学控制，如喷施矮壮素、缩节胺可有效地控制作物徒长，防止直立作物倒伏。

(4)除草 人工锄草本着除早、除小、除了的原则，适时采取锄草措施。锄草的作用是疏松土壤，调节土壤温度和水分，起到增温、保墒、散墒作用，释放土壤养分，有利于土壤微生物活动，并达到灭草的目的。中耕促进根系呼吸，利于根系生长，幼苗健壮。中耕方法是苗期一般进行2～3次，要掌握第一次浅(3～5 cm)，第二次深，第三次浅，苗旁浅，行间深。具体中耕时间视土壤、天气情况，一般三叶期一次，定苗期一次，拔节前一次。中耕时要适当向根旁拥土，以利于植株茎部发生次生根和气生根，增强植株的抗倒伏能力。但不要拥土太多，防止压苗，伤叶。一般结合中耕进行除草，过去以铲地方式，即在铲地时进行灭草，目前灭草普遍采用除草剂。

(5)间苗、定苗 密播作物通过调节播种量来控制基本苗，中耕作物虽然也调整了播种量，但实际出苗数仍高于需要的苗数，如玉米、高粱、棉花等作物仍需间苗。

①目的作用。调整幼苗的营养生长面积和光照条件，达到苗匀、苗齐、苗壮的目的，并保证合理密度的要求。

②定苗时间。间苗时间宜早，在胚乳已耗尽的三叶期进行，这时作物开始自养，根系开始增多，对营养非常敏感，间苗过晚，形成“高脚苗”。早间苗可增产5%～10%，玉米间苗最好在晴天下午进行。凡是病株、虫株、小株、弱株、杂株等都要去掉。一般结合铲地进行，间苗后每穴留两棵大小一致的植株，两棵之间有3～5 cm的距离。

定苗时间要适时，主要以当地的地下害虫危害程度而定，春玉米地下害虫多，幼苗生长慢，可稍晚；夏秋玉米地下害虫危害轻，应早定苗，一般5～6叶进行，过早过晚均不利于生长。定苗时留叶数相当、高矮一致的壮苗，双株留苗要使两株有13～17 cm的距离。一般在空穴处留双株。

(6)防治虫害　作物苗期虫害主要有地老虎、黏虫、蚜虫、蛴螬、金针虫、蓟马等。要根据不同害虫，采取不同方法进行防治。

四、训练步骤方法

(1)熟悉苗期管理项目及标准　老师确定苗期管理的项目，明确标准，结合过去的生产案例，放映幻灯片，让学生熟悉。

(2)田间调查　结合学校实际生产情况，确定某一作物，将学生分成若干小组负责一定田块，进行苗期调查。苗期调查最好定点定期，以便于保持连续性。

(3)田间管理　任务分配后，由学生根据自己负责的田块逐项自行进行田间管理，尤其是除草和间定苗。

五、考核标准及配分

本技能满分100分，要求达到80分以上。

①完全明确不同作物苗期管理项目及标准。20分

②田间调查及时、全面、正确。40分

③田间管理及时正确，方法得当。40分

六、作业

记录苗期调查及管理内容。

综合训练十七　作物生产中期田间管理

一、训练目的

了解不同作物中期生育特点；掌握中期管理的主要项目；能够针对某种作物进行正确管理。

二、训练场所、用具及材料

(1)训练场所　作物生产基地。

(2)用具及材料　锄头、小手锄、犁、肥料、农药等。

三、训练内容

作物生长发育的中期，禾谷类是指从拔节期到抽穗期，豆类是指从初花到结荚期，棉花是指从现青到开花，甘薯是指从分枝到封垄，麻类是指从现蕾到开花等。这一阶段是作物生命周期中最为复杂、矛盾最多的时期，田间管理对作物产量形成影响很大，特别是高产田影响更大，根据其生育特点，明确主攻方向，抓好中期管理至关重要。

(一)生育特点

作物生长发育中期虽然最复杂、矛盾最多，不同作物在此阶段表现又不尽一致，但仍有一些共同特点。

(1)从器官建成角度讲　既有营养体生长，又有生殖体的生长，根(或块根)、茎(或块茎)、叶、蘖(或分枝)属营养体，花、穗(肉果或荚果)属生殖体，这些器官全面生长，并且全部建成。根系中的初生根增加分枝，次生根不仅增加分枝，而且增加次生根数，直到全部建成，不再增加。茎节中，主茎、分枝的各节间从下向上陆续伸长，直至全部定长；叶片大量增加、展开，叶面积达到最大值；分枝增加数达到最高峰之后向两极分化；小花分化达到最高点，然后也向两极分化。

(2)从生长角度讲　生长速度最快，生长量最大，不管是叶片、节间、分枝还是小花分化，都在这一时期建成；植株高度、叶面积、根数都在这一时期达最高值。以冬小麦为例，其生长量起身期单株干重为0.6 g左右，到抽穗可达3.0 g，增长5倍。

(3)从发育角度讲　既有营养生长，又有生殖生长；既有生长，又有发育，处在并进时期，而且是从营养生长向生殖生长、从生长向发育的转折。

(二)主攻方向

苗期主攻方向的核心是培育壮苗,中期是在壮苗的基础上,原则上促控结合,前控后促。禾谷类作物的主攻方向是壮秆大穗,防倒伏,减少小花退化,提高小花结实率,增加粒数。

(1)壮秆　是要蹲住基部节间各节间稳健伸长,最终基部节间要短,穗下节间要长,其余各节间和株高控制在适宜的范围内,这样才能防止倒伏,穗粒重增高。

(2)大穗　是指穗子要大,每穗的小穗数多、小花分化多;豆类作物要求荚多,这是结实粒数的基础。

(3)减少小花退化,提高小花结实率,增加粒数　这是中期管理的目的,减少小花退化,提高小花结实率,是增加粒数的主要途径,群体中的一株或一穗小麦,分化的小花很多,一般可达150朵左右,实际结实粒数只有小花数的1/5,大量小花在发育过程中退化了,因此减少小花退化是增加粒数的可行途径。

(三)主要农艺措施

中期管理的核心是攻穗粒数。既要穗大、粒多,又要蹲住基部节间防止倒伏,同时因气温的升高和降水有所增加,病虫害发生日趋严重,有的作物则还有特殊需要,采取相应的特殊管理措施。

(1)肥水管理　为了有效地控制植株倒伏,在小麦、水稻等作物进入中期的初期往往采取控制肥水甚至喷施矮壮素(或缩节胺)以控制基部节间的伸长,待一、二节间定长之后采取重施拔节肥、浇好拔节水以攻稳大,防止小花退化,提高小花结实率;玉米则在大喇叭口时期,重施肥、浇足水,以促进穗大粒多;棉花施肥,以攻铃多铃大,防止脱落,但棉花提倡稳施肥,不要一次施肥量过大。中期是主要的追肥时期,拔节期追肥叫攻秆肥,大喇叭口期追肥叫攻穗肥,此时正值雌雄蕊形成,是决定果穗大小、子粒多少的关键时期,并能提高中上部叶片的光合效率。一般穗肥用量占总量的60%,在500 kg以上的玉米高产田,因产量高,多采用3次追肥,在大喇叭口期(穗肥)追肥占50%,拔节肥30%,粒肥20%。目前生产上常用复合肥撒可富25～30 kg/667 m^2,尿素10～13 kg/667 m^2,可在距株15～20 cm处条施。氮素化肥最好挖坑深施,提高肥效,施肥后立即中耕。

(2)防治病虫害　中期病虫害种类多、危害大,必须及早防治。如小麦的锈病、白粉病、麦蚜,水稻的穗颈稻瘟,棉花的棉铃虫、红蜘蛛、椿象等都相继发生或流行,均应采取化学药剂防治,或采取生物防治,以控制其危害。玉米中期的主要虫害是玉米螟,有的年份有粘虫及棉铃虫发生。病害主要有粗缩病、大小斑病、弯孢叶斑病、矮花叶毒病等。防治玉米螟可在喇叭口期用2.5%的辛硫磷灌心即可。病害防治因病而选用相应药剂,在病害发生初期防治。

(3)培土　玉米植株高大,中期以后应防止倒伏,在施大喇叭口肥的同时应结合培土,一般可进行 1～2 次,拔节后一次起到疏松土壤、提高地温、保水、除草的作用,深度以 2～3 cm 为宜,另一次在大喇叭口期,结合施肥进行培土,可促进根系大量生长,防止倒伏,并利于排水、灌溉。据试验,培土后每株根系增多 8.3 条,气生根增多,倒伏率降低 64%。在干旱地区或无灌溉条件的丘陵地区及干旱年份不宜培土。花生大量的果针发生,需要黑暗条件才能结果,也应培土;大豆、小豆等作物都需培土,除防倒伏外还有利于防止因个别年份降雨偏早偏多而发生内涝。

四、训练步骤方法

(1)熟悉中期管理项目及标准　老师确定中期管理的项目,明确标准,结合过去的生产案例,放映幻灯片,让学生熟悉。

(2)田间调查　结合学校实际生产情况,确定某一作物,将学生分成若干小组负责一定田块,进行中期调查,中期调查最好定点定期,以便于保持连续性。

(3)田间管理　任务分配后,由学生根据自己负责的田块逐项自行进行田间管理,尤其是施肥、病虫害防治和中耕培土。

五、考核标准及配分

本技能满分 100 分,要求达到 80 分以上。

①完全明确不同作物中期管理项目及标准。　20 分

②田间调查及时、全面、正确。　40 分

③不同作物田间管理及时正确,方法得当,尤其施肥量、施肥方法。　40 分

六、作业

记录中期调查及管理内容。

综合训练十八　作物测产

一、训练目的

熟练掌握本地区的禾谷类作物和豆类作物产量测定的方法,并能根据产量构成因素进行群体结构分析,找出高产和低产原因,为以后生产打下基础。

二、训练场所、用具及材料

(1)训练场所　校内基地或农户的生产田。

(2)用具及材料　测绳、卷尺、塑料桶、镰刀、铅笔、记录表、种子袋、苫布等。

三、训练内容

(一)作物产量构成因素

小麦、水稻、玉米、大豆、甜菜和马铃薯是我国北方的主要作物。禾谷类作物的单位面积产量由株数、穗数、每穗实粒数和粒重构成;大豆的产量构成因素为株数、每株有效荚数、每荚实粒数和粒重;甜菜的产量构成因素为株数和单个块根重;马铃薯的产量构成因素为株数、单株结薯数和单薯重。

作物产量是各产量构成因素的乘积,理论上任何一个因素的增大,都能增加产量。但实际上各产量构成因素间存在着相互制约和补偿的关系,制约是指先形成因素对后形成的因素的限制作用,补偿是指后形成的因素对先形成因素的弥补作用。通过对产量构成因素的分析,可以了解田间群体结构是否合理,采取的管理措施是否到位,为第二年的作物生产技术方案制定提供依据。

(二)作物测产方法

作物产量测定的方法有目测法、取样实收法和取样调查法。目测法是根据以往的生产经验,结合当年的气候条件、栽培水平和作物长相,综合分析出产量水平。此种方法易行,但结果往往不够准确。取样实收法是选取有代表性的样点,将样点内的植株全部收获,称重后计算单位面积产量。取样调查法是通过选取有代表性的样点,调查出该作物的各产量构成因素,再计算出单位面积产量,这是应用最广的测产方法。田间取样一般采用对角线五点取样法。每个样点的面积,矮秆密植作物可取 1 m^2,高秆稀植作物应在 2～3 m^2。样点通常为长度样点,即用样点的面积除以平均行距,在一行或几行上取样测产。

(1)水稻产量测定　在水稻进入蜡熟期,根据各类稻田的长相先区分出好、中、差三类长相,并选出有代表性的测产田块,否则不能进行下一步测产。

选取有代表性田块,测产方法有以下两种:

①小面积实收法。在一个生产单位的稻田中,选取有代表性的小田块,全部收割、脱粒,经过干燥含水量降至14%时称稻谷质量。实际测量该田块的面积,折算出单位面积产量。

$$产量(kg/hm^2)= 收获稻谷重(kg)\times 10^4(m^2/hm^2)/田块面积(m^2)$$

收割、脱粒符合要求，损失率在1%以下为合格。

②产量构成因素调查法。选取有代表性田块，采用对角线五点取样法取样，也可采用随机取样法取样。样点要有代表性，分布均匀。调查项目及要求如下：

测定行距和穴距，求出每公顷穴数。在每个样点上测量11行水稻的距离，除以10即为行距；测量11穴水稻的距离，除以10即为穴距。统计各点的行距和穴距，求出该田块的平均行距和穴距。计算每公顷穴数：

$$每公顷穴数=10^4(m^2)/[平均行距(m)\times 平均穴距(m)]$$

调查每穴有效穗数，求每公顷穗数。在每个样点上连续取10～20穴，查出每穴有效穗数(具有10个以上结实谷粒的稻穗)，统计出各点及全田的平均每穴穗数，计算每公顷穗数。

$$每公顷穗数=每公顷穴数\times 每穴平均穗数$$

调查代表穴的实粒数，求每穗实粒数。在1～3个样点上，每点选取一穴穗数接近该点平均每穴穗数的水稻，统计该穴的每穗实际粒数，统计每穴平均实粒数。调查时可将有效穗脱粒，放入清水中，沉入水中的谷粒为实粒。计算每穗平均粒数，各点平均求出全田平均每穗实粒数。

$$每穗实粒数=每穴总实粒数/每穴有效穗数$$

计算产量。根据穗数、粒数的调查结果，再估算出千粒重，即可计算出水稻单位面积产量。

$$产量(kg/hm^2)= 每公顷穗数\times 每穗实粒数\times 千粒重(g)/10^6$$

(2)大豆产量测定

①选点取样。在大豆黄熟期进行田间调查，根据一个生产单位的大豆种植规模、品种类型、成熟期长相等情况，选择有代表性的田块进行测产。再根据被测地块大小、大豆生长整齐度等因素确定选点的数量，一般采用对角线五点取样法，每点取1 m^2 或2 m^2 进行详细调查。

②调查测定。在样点面积内调查单位面积株数，统计出各点平均值。要求记数准确，各样点的实测株数除以该样点的面积，即得出每平方米株数。然后求出每公顷株数。在每个样点内随机取10株大豆，调查每株有效荚数、每荚实粒数和百

粒重。调查每株有效荚数时，先分别查出单株荚数，再取平均值。单株荚数是指一株上除瘪荚以外的荚数。每荚实粒数是以单株粒数除以单株有效荚数获得的，取平均值。百粒重可以用该品种历年的平均数计算，也可以将子粒干燥到正常含水量时测得，百粒重以 g 表示。产量计算公式如下：

$$产量(kg/hm^2)=每公顷株数\times每株有效荚数\times每荚实粒数\times百粒重(g)/10^5$$

(3)玉米产量测定

①根据地块和植株长势采用适宜的取样方法取祥。

②测株行距，选择的每一个点部要测定株行距。株距：在一行上任意 51 株的距离，然后平均(除以 50)即为株距。行距：任意测 21 行的距离，然后平均(除以 20)即为行距。

③测量单株产量。根据玉米产量构成因素，在每一点上连续取 10 株，分别数出每株穗数和每穗粒数，根据原品种的千粒重，得出单株产量。单位产量计算如下：

$$产量(kg/hm^2)=\{10^4/(行距\times穴距)\}\times单株产量$$

以上是三种作物的理论推测测产方法，其他作物可以依照这些作物采用相应方法测产。

四、训练步骤方法

(1)掌握不同作物的测产、选点和取样方法　在教师讲授的基础上，学生实际到田间模拟选择测产、选点及取样的方法，最后由教师判断其正确性，反复练习，直至完全掌握正确方法为止。

(2)学生分组进行同一田块同一作物的测产

(3)比较分析不同小组测产结果

(4)收获后对整个田块进行实测　将实测结果与自己的理论测产结果进行对比分析，找出存在的问题及取得的成绩。

五、考核标准及配分

①测产时间正确。 30 分

②测产步骤合理。 50 分

③测产结果准确。 20 分

六、作业

就测产的结果分析产量高低的原因及对策。

综合训练十九　作物成熟期鉴定

一、训练目的

掌握小麦、水稻、玉米、大豆的成熟期划分方法及每个时期的特征；掌握甜菜、烟草的工艺成熟期特征；能够正确判断作物的成熟期。

二、训练场所、用具及材料

(1)训练场所　实训室、作物实训基地。

(2)用具及材料　处于乳熟期、蜡熟期、完熟期的小麦、水稻、玉米田，处于黄熟期、成熟期的大豆田，处于工艺成熟期的烟草田和甜菜田。

三、训练内容

(一)小麦成熟期鉴定

小麦子粒的成熟期一般分为三个时期：

(1)乳熟期　此期植株下部叶片、叶鞘枯黄，中部叶片也开始变黄，上部叶、茎、穗还保持绿色，麦粒也为绿色，子粒充满了白色的乳浆状物质。到乳熟末期麦粒的体积和鲜重达最大值，含水量为50%以上，一般品种乳熟期10～12 d。

(2)蜡熟期　此时植株各部分均呈黄色，仅旗叶和穗下部茎还有部分的绿色。子粒进一步充实，麦粒中可溶性物质大量转化为不溶性贮藏物质。胚乳呈蜡质状态，前期指压可将麦粒压扁，后期子粒干重停止增加并迅速脱水，且变硬，体积变小，蜡熟中末期干物质积累达最大值，含水量下降到20%左右。一般品种蜡熟期7～10 d。

(3)完熟期　此期植株迅速枯黄，茎秆缺乏韧性而变脆，麦粒含水量进一步下降到14%～16%，质地坚硬，某些品种容易造成落粒损失。

(二)水稻成熟期鉴定

(1)乳熟期　子粒内充满了白色的乳浆状物质。

(2)蜡熟期　子粒为软蜡至硬蜡状。

(3)完熟期　子粒完全硬固。

(三)玉米成熟期鉴定

(1)乳熟期　子粒灌浆速度很快,是干物重的直线增长期,胚乳由浑浊变为乳浆状,最后成为糨糊状。此期持续20～25 d。

(2)蜡熟期　主要特点是随着淀粉的沉积和含水量的降低,胚乳由糨糊状变为软蜡状,最后为硬蜡状,但子粒中下部仍有乳浆。子粒处于缩水阶段,所以穗粗略有减少。此期持续时间一般为10～15 d。

(3)完熟期　这时子粒继续脱水变硬,表面用指甲不易划破,灌浆完全停止。子粒横切面出现粉状,子粒干物质重达到最大值,苞叶干枯、松散。持续5～10 d。

关于子粒停止灌浆的标志,可以用子粒基部尖冠处出现黑层为标准。在胚乳基部维管束间有几层细胞,在玉米接近成熟时皱缩变黑,形成黑层。黑层形成后,胚乳基部的输导细胞被破坏,运输机能终止,子粒灌浆已停止。

(四)大豆成熟期鉴定

(1)黄熟期　这一阶段实际是大豆生理成熟阶段,为13～16 d,此期子粒中的水分逐渐减少,干物质逐渐增多,当种子水分减少到18%～20%,种子逐渐脱水归圆,变硬,植株茎叶变黄,叶片脱落。当茎秆变为浅棕色,叶片基本脱落,叶柄大部分脱落时,即进入大豆黄熟期。

(2)完熟期　叶片全部落下,完熟期一般为7～10 d。这一时期茎秆逐渐变成褐色,叶柄基本脱尽,种子水分迅速减少,荚和子粒呈现品种固有色泽,子粒并呈现固有大小和形状,摇动豆株,种子在荚内滚动撞击荚皮发出响声即达到了完熟期。此后茎秆变为暗灰褐色,即表示大豆已过熟,容易炸荚,应及时收获,避免炸荚损失。

(五)甜菜工艺成熟期鉴定

甜菜工艺成熟期是指甜菜一生中块根含糖率最高,非糖有害物质含量最低的时期。我国主要甜菜产区工艺成熟期为10月上中旬。

(六)烟草工艺成熟期鉴定

成熟的烟叶最好适时分批采收。烟叶成熟外观特征是:叶色由绿变为黄绿,叶尖及边缘表现尤为明显;中部以上的叶或较厚的烟叶呈现黄斑,是淀粉积累的表现;叶尖和边缘下垂,茎叶角度增大;叶表面茸毛脱落,平滑有光泽,手摸粘手;叶主脉变白发亮,叶柄基部组织产生离层,采收时硬脆易断,断面平齐。这些成熟特征会因品种、叶着生部位和栽培条件的不同而有所差异。

四、训练步骤方法

①在乳熟期、蜡熟期和完熟期的禾谷类作物田中分期进行观察鉴定。

②在黄熟期和完熟期大豆田中分期进行观察鉴定。

③在成熟期烟草田中鉴定烟叶的工艺成熟期。

五、考核标准及配分

本技能满分 100 分，要求达到 70 分以上。

①能够说出各种作物不同时期的特点及标准。　40 分

②对各种成熟期的子粒或植株能够准确判断。　30 分

③能够判断整个作物田块的成熟时期。　30 分

六、作业

分析不同作物成熟期特征不同的原因。

综合训练二十　作物考种

一、训练目的

了解主要作物植株性状特点，掌握小麦、水稻、玉米、大豆、棉花的考种项目及标准。

二、训练场所、用具及材料

(1)训练场所　实验室、田间。

(2)用具及材料　各种作物成熟期植株、卷尺、天平等。

三、训练内容

(一)小麦考种项目及标准

(1)植株高度　以主茎高度表示，指从分蘖节到主穗顶(不计芒)的长度，单位用 cm 表示。

(2)植株整齐度　株高相差不到一个麦穗的高度为整齐；少数相差一个麦穗高度为中等；多数相差一个麦穗高度为不整齐。

(3)茎粗　指茎地上部分第二节间的最大直径，单位以 mm 表示(大于 6 mm

为粗;小于 4 mm 为细;介于两者之间的为中)。

(4)单株成穗数　包括单株主茎和有效分蘖数。

(5)有效分蘖率　指单株成穗数占总茎数的百分率。

(6)穗长　自穗最下部一个小穗的基部量至穗顶(不包括芒)的长度,单位以 cm 表示。

(7)结实小穗数　凡小穗内能结一粒以上种子的小穗数。

(8)小穗密度　小穗密度=穗内小穗总数(包括结实与不结实小穗)/穗长

(9)每小穗平均结实粒数　每小穗平均结实粒数=每穗粒数/每穗结实小穗数

(10)小穗结实最多平均粒数　在测定样本中任取 10 穗,记载其结实最多小穗的结实粒数,取其平均值。

(11)粒质　每品种任取 100 粒考查,硬粒率在 70%以上的为硬质小麦;硬粒率在 30%～70%之间的为半硬质小麦;硬粒率在 30%以下为软粒小麦。计算时以两个半硬粒折合为一个硬粒(玻璃质为硬粒;粉质为软粒;玻璃质与粉质参差的即硬粒上有粉斑的为半硬粒)。

(12)千粒重　以晒干扬净的子粒为标准,混匀样品。从中随机数出两组,每组各 500 粒,分别称重,以合计质量(g)表示;两组重量相差不应超过平均质量的 3%～5%,否则应做第三份。

(13)谷草比　子粒与茎秆重量之比。茎秆指不带根的地上部茎、叶及麦壳和穗轴等。

(14)经济系数　经济系数=种子干重/(种子干重+茎叶干重)。

(二)水稻考种项目及标准

(1)株高　以主茎高度表示,指从分蘖节到主穗顶的长度,单位用 cm 表示。

(2)剑叶长　水稻最后一叶的长度,单位用 cm 表示。

(3)剑下一叶长　水稻倒数第二叶的长度,单位用 cm 表示。

(4)剑下二叶长　水稻倒数第三叶的长度,单位用 cm 表示。

(5)每穴有效穗数　具有 10 个以上结实谷粒的穗为有效穗。数每穴内有效穗的数目。

(6)每穴实粒数　每穴内结实谷粒数。

(7)每穗平均粒数　用平均每穴实粒数除以平均每穴有效穗数。

(8)结实率(%)　数 1 000 粒水稻种子,其中结实谷粒占总粒数的百分率为结实率。

(9)穗长　水稻穗直立长度,单位用 cm 表示。

(10)千粒重　取结实谷粒,从中随机数出两组,每组各 500 粒,分别称重,以合计质量(g)表示;两组质量相差不应超过平均质量的3%～5%,否则应做第三份。

(三)玉米考种项目及标准

(1)株高(cm)　地面至雄穗顶端的高度。

(2)茎粗(cm)　测定其地上第三节中部的横位直径。

(3)穗位高度(cm)　测定其地面至最上部果穗着生节的高度。

(4)空秆率(%)　不结实或有穗结实但所结粒数不足10粒的植株占全样品植株数的百分率。

(5)单株绿色叶面积(cm^2)　当时单株绿色叶片叶面积[单叶中脉长(cm)×最大宽度(cm)×0.7]的总和。

(6)每公顷绿叶面积(m^2)　平均单株叶面积(m^2)×公顷株数。

(7)叶面积指数　每公顷绿叶面积(m^2/hm^2)。

(8)果穗长度(cm)　穗茎部到果穗顶的长度(包括秃顶)。

(9)穗粗(cm)　以周长表示,用线围距果穗茎部1/3处的圆周,量线长度。

(10)秃顶长度　顶部未结实或结籽未成熟的部分的长度(cm)或秃尖度(%)(秃尖长度占果穗长度的百分数)。

(11)粒行数　果穗中部子粒行数。

(12)每果穗粒数　一穗上的总粒数。

(13)果穗重(g)　风干果穗的质量。

(14)穗粒重(g)　果穗上全部子粒的风干重。

(15)穗轴率(%)　(穗轴重/穗重)×100%。

(16)千粒重　晒干脱粒后,随机数出两组,每组各500粒,分别称重,以合计质量(g)表示;两组质量相差不应超过平均质量的3%～5%,否则应做第三份。取相近的两个数,求其平均值。

(17)子粒整齐度　分整齐,尚整齐,不整齐。

(18)粒质　分角质和粉质的多、中、少。

(四)大豆考种项目及标准

(1)株高(cm)　从子叶节或地面测至主茎顶端生长点的高度。

(2)分枝数　主茎上的有效分枝数(凡结有有效荚的分枝为有效分枝)。

(3)分枝起点　从子叶节至第一个有效分枝着生处。

(4)主茎节数　自子叶节算起,至主茎顶端的实际节数,而顶端花序不计在内。

(5)单株荚数　一株上有效荚数(凡荚内有一粒种子以上的荚为有效荚)。

(6)单荚粒数　用单株总粒数除以单株荚数。

(7)百粒重　取晒干扬净种子100粒称重,重复2～4次,单位以g表示。

四、训练步骤方法

(1)确定考种作物,田间选点　各地根据种植作物情况,选择主要作物进行考种,并由学生自己按照要求选点练习,选择的样株要有代表性。

(2)作物考种　学生分组或以个人为单位进行几种主要作物的考种。

五、考核标准及配分

本技能满分100分,要求达到70分以上。

①考种项目全。 30分

②考种方法正确。 40分

③记录结果完整。 30分

六、作业

写出实训报告。

第三单元　作物育种技能

主要内容

本单元包括八项技能，分别是种质资源研究分析、育种试验计划书的制定和实施、作物杂交育种程序确定、品种比较试验设计和种子准备、育种试验地的区划及播种、作物杂交技术、试验田间调查、典型优良单株选择。

训练目标

学生基本了解作物育种的基本步骤，初步掌握作物育种的主要环节，并能够熟练操作作物育种的关键技能，能够独立从事作物育种工作，适应育种工作岗位要求。

综合训练二十一　种质资源研究分析

一、训练目的

明确种质资源在作物育种工作中的作用；掌握种质资源收集、整理和保存的技术要求；能够正确进行种质资源收集、整理和保存。

二、训练场所、用具及材料

(1)训练场所　种质资源丰富的地区、实训室。

(2)用具及材料　照相机、摄像机、放大镜、卷尺、标签、原始记录卡片、记录本、铅笔、地形图、交通图、生石灰、氯化钙、硅胶、种子袋、密闭容器、铁锹、标本夹等。

三、训练内容

种质资源是指可供研究和利用的各种基因资源，是经过长期自然进化和人工创造形成的。种质资源是品种选育的基础，是保护生物多样性的重要途径，是生物技术发展的基本材料，是作物起源、演化、分类、生态、生理等研究的物质依据。

种质资源的研究分析包括收集、整理和保存等环节。

(一)种质资源收集

(1)查阅有关资料，确定收集地点和路线　了解自然地理条件，如地形、地质、土壤、水文、气象、植被等情况，准备考察地区的地形图和交通图；了解农业生产情况，如耕地面积、耕作制度、作物种类、栽培技术、主要病虫害、农业发展史、农业区划、农业发展规划等；查阅作物种质资源资料，如品种志、品种资料目录、品种试验总结、以往的考察报告、引种报告、育种成果等。

(2)确定收集时间　作物种质资源收集的时间，应根据作物种类确定，禾谷类作物考察收集时间最好是接近成熟期；野生大豆的考察收集，最好是在花期和成熟期分两次进行。

(3)确定收集方法

①采集种子与植株。对于类型多的地方品种群体，要将各类型收集全。在野生植物群体中，应尽可能多采集单株。采集的植株标本要完整。粮食作物及其近缘野生种，必须有花和果实。雌雄异株作物要分别采集。

②标本编号。采集到的植株和种子应及时挂标签，在标签上用铅笔写明采集的时间、地点、品种名称和采集人。注意同一品种的植株和种子编号要一致，并记

入原始记录卡片内。

③填写原始记录卡片。野生植物要记清群落大小或是零星分布、濒危状态、伴生植物等。原始记录卡片用较厚的卡片纸制成，大小以携带方便为宜，两面印刷。卡片颜色以白色为好，也可以是浅灰色、浅蓝色、浅绿色等。

表 21-1　作物种质资源原始记录卡片

作物名称：　　　　　　　　　　收集人：　　　　　　　　　　收集时间：

原位点号					
地点	省	县(市)		乡(镇)	村
位置(离基点的方向和距离/km)					
东　经		北纬		海拔	
地　形		生态环境			
坡　面		坡　度			
土壤类型		土壤肥力			
平均温度		最高温度			
最低温度		降 雨 量			
学　名					
生长习性		生育周期			
形态特征					
分布面积		种群数量			
危害因素					
危害状况					
多样性评价					
备　注					

④摄影、录像。对植株全貌、植株形态特征、采集地点的生态环境全景和采集过程进行摄影、录像，积累图像信息资料。

(二)种质资源整理

按照全国统一制定的鉴定标准，对不同时期从不同源地征集的纷繁复杂、类型多样的种质资源，采取田间种植的形态观察鉴定与室内分析相结合的方法，进行农艺性状及其特性的系统鉴定和整理。

经初步整理的材料，可按原产地、亲缘关系、品种生态类型进行分类登记。如以杂交育种选配亲本为主要目的进行种质资源收集时，多按主要性状进行分类。

可分为株高、熟期、产量性状、抗病性等类别，并按顺序编号登记。

(三)种质资源保存

(1)种植保存　凡是有性繁殖作物的种子，发芽率在50%左右时应种植保存，并尽量创造与原产地相近的环境条件。也可委托原产地或收集地的相关单位，代为种植保存。

(2)贮藏保存　种子贮藏保存时要求适时收获，种子生活力强、饱满健壮、无病虫害、不受损伤。种子贮藏的数量要求：油菜、芝麻、粟、黍、烟草50～100 g，稻、麦、高粱100～250 g，棉花、玉米、豆类250～500 g，花生500～1 000 g。

贮藏保存常用的方法有两种。一是干燥密封贮藏保存。在密封的容器内，加入适量干燥剂，干燥剂可用生石灰、氯化钙、硅胶等，一般种子与干燥剂的比例为1∶2。将容器放置在尽可能低的温度下，一般可保存3～5年。二是种质库保存，可分为短期库保存和长期库保存两种。短期库可临时贮存应用材料，库温10～15℃，相对湿度50%～60%，种子含水量12%，用布袋或纸袋包装，可贮藏5年左右。中期库可用作分发材料，库温0～10℃，相对湿度50%以下，种子含水量8%，用防潮材料包装并密封，可贮藏15年以上。长期库用作繁殖提取材料，库温−20～−10℃，相对湿度30%～50%，种子含水量4%～6%，用铝盒或铝箔塑胶密封包装、真空包装，可贮藏50～100年。

四、训练步骤方法

(1)查阅资料　了解种质资源基本情况。

(2)种质资源收集　分组讨论确定收集种质资源作物种类和数量、方法，开始收集并做好记录。

(3)种质资源整理和保存　对收集到的种质资源进行室内分析、整理，填写种质资源分类登记表(表21-2)。

表21-2　种质资源登记表

材料编号	种质名称	别名	原产地	征集地	征集时间	种子生产年代	主要性状	备注

五、考核标准及配分

本技能满分100分，合格标准要求达到60分。

①收集地点、路线和时间确定准确。　10分

②采集种子和标本具有代表性。　20分

③种子和标本编号正确。　10分

④填写原始记录卡片符合要求。　20分

⑤准确填写种质资源登记表。　20分

⑥正确进行种子干燥密封保存。　20分

六、作业

设计当地某一作物的种质资源考察路线、收集方法、整理方法和贮藏方式。

综合训练二十二　育种试验计划书的制定和实施

一、训练目的

了解育种试验计划的作用和制定试验计划的原则；掌握育种试验计划的内容和编制方法；能够正确实施育种试验计划。

二、训练场所、用具及材料

(1)训练场所　实训室。

(2)用具及材料　计算器、铅笔、绘图纸、记录本、育种试验计划书等。

三、训练内容

育种试验计划是试验实施的依据，也是影响试验成败的关键因素。试验实施是把试验计划具体落实的过程，主要包括试验地的选择、田间区划、试验材料准备、播种或移栽、田间管理、观察记载与测定、收获和测产等。

(一)育种试验计划书的制定

(1)制定试验计划的原则

①明确试验目的。通过调查研究、交流分析、文献检索等明确试验目的，形成对所研究的主题及其外延的设想，使试验计划能有效地解决问题。

②确定供试因素及其水平。供试因素不宜过多，抓住1～2个或少数几个主要因素来解决关键性问题。每个因素的水平数目也不宜过多，且各水平间距要适当，使各水平能有明确区分，并把最佳水平范围包括在内。

③设置对照。品种比较试验中，常常统一规定同一生态区域内使用的对照品种，以便作为各试验单位共同比较的标准。

④正确处理试验因素与试验条件间的关系。一个试验中只有供试因素的水平在变动，其他因素都保持一致，固定在某一个水平上。在制定试验时必须做好试验条件的安排，例如品种比较试验时要安排好密度、肥料水平等一系列试验条件，使之具有代表性和典型性。为了不使试验规模过大而失控，试验方案原则上应力求简单。

(2)育种试验计划书的内容　育种试验计划书明确规定试验的目的、要求、方法、调查项目以及各项技术措施的质量标准，使试验的各项工作按计划进行，也便于在执行过程中进行监督检查，保证试验任务的完成。

①试验名称。写出试验课题的全称，应反映出试验的主要内容。

②试验目的及依据。包括试验要解决的主要问题、现有的成果、发展趋势以及预期的试验结果。

③试验时间和地点。写明试验具体年份和试验点所在行政区域。

④参试材料。写明试验材料名称(或代号)和数量。

⑤试验地基本情况。包括试验地前作、地势、土壤质地、速效养分含量、有机质含量等。

⑥试验设计和小区技术。根据实验目的，确定采用的田间设计方法、处理数、重复次数、对照、小区总数和小区面积(长度和宽度)、试验地面积、田间种植方式(行区和行距)。

⑦耕作管理措施。包括播种方法、播种时期、种植密度，整地时期、方法及质量要求，施肥种类、数量和时期，中耕除草、浇灌、病虫害防治等。

⑧田间调查项目。以玉米品种比较试验为例，田间调查项目包括生育期、出苗期、拔节期、大喇叭口期、抽穗期、成熟期、株高、穗位高、单株有效穗数、空秆率、倒伏程度、大小斑病发病率、黑穗病发病率、单株玉米螟数、实收穗数、小区产量等。

⑨室内考种项目。以玉米为例，室内考种项目主要有穗长、穗粗、秃尖长度、穗行数、穗粒数、粒型、粒色、轴粗、轴色、百粒重、单穗粒重、出籽率等。

⑩收获计产及统计分析方法。写明收获的行数、长度及收获方法，统计分析时采用的方法。

⑪试验承担单位、负责人、执行人。

⑫田间小区排列图。根据试验设计要求，绘制田间小区排列图(图 22-1)。按一定比例绘制试验区各个重复、小区、走道和保护行，标明不同处理排列的位置以及试验区周围的环境状况，注明方位和边界，以便田间区划、播种、田间管理、观测

记载和收获时能按图行事。

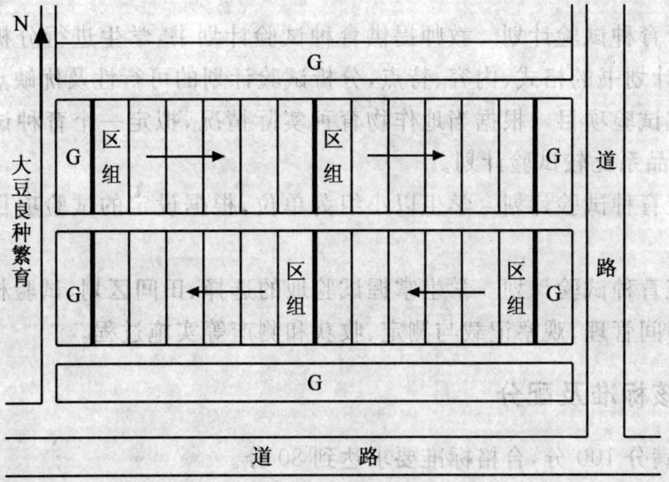

图 22-1　田间小区排列图

(二)育种试验计划实施

(1)作物育种计划　在田间条件下实施的,主要包括试验地准备、田间区划、试验材料准备、播种或移栽、田间管理、观察记载与测定、收获和测产等环节。

(2)试验地准备　包括深耕、施肥、起垄等作业,要保证各项作业的一致性。按试验计划书和田间小区排列图的要求进行试验地区划,确定试验小区、保护行、过道等在田间的位置,在每个小区前插上标牌,标明处理名称。

(3)试验材料准备　包括机具、肥料、种子、农药、农膜、测试用具、标牌、纸袋等的准备。进行各小区种子装袋和编号,应避免发生差错。播种时应力求种子均匀,深浅一致,尤其要注意各处理同时播种。试验区播种或移栽完毕后,应立即播种或移栽保护行。

(4)试验田的栽培管理措施　可按当地丰产田的标准进行,除了试验设计所规定的处理间差异外,其他管理措施应保持一致,对各小区的影响尽可能没有差别。在作物生长发育过程中,根据田间调查项目进行系统的、准确的观察记载,掌握丰富的第一手材料,为得出规律性的认识提供依据。

(5)收获　是田间试验数据收集的关键环节,必须专人负责,建立验收制度,随时检查核对。收获前随机采取一定数量的单株,以备室内考种。收获计产要求单收、单放、单脱,挂好标牌,严防混杂。

四、训练步骤方法

(1)分析育种试验计划　教师提供育种试验计划书,学生进行分析和研究,了解育种试验计划书的格式、内容、特点,分析试验计划的可行性及优缺点。

(2)设定试验项目　根据当地作物育种实际情况,拟定一个育种试验项目,如2008年大豆品系比较试验计划。

(3)制定育种试验计划　学生以小组为单位,根据设定的试验项目,制定育种试验计划书。

(4)实施育种试验计划　学生掌握试验地的选择、田间区划、试验材料准备、播种或移栽、田间管理、观察记载与测定、收获和测产等实施过程。

五、考核标准及配分

本技能满分100分,合格标准要求达到80分。

①符合制定试验计划的原则。　20分

②试验设计科学、准确、合理。　30分

③格式正确,内容全面。　20分

④掌握育种试验计划实施过程。　30分

六、作业

制定一份育种试验计划书。

综合训练二十三　作物杂交育种程序确定

一、训练目的

通过对作物杂交育种各试验圃的观察,了解各试验圃的田间排列、试验任务、工作内容和实施方法;掌握作物杂交育种工作的程序。

二、训练场所、用具及材料

(1)训练场所　学院实训基地作物杂交育种各试验圃。

(2)用具及材料　皮尺、铅笔、记录本等。

三、训练内容

杂交、选择、鉴定是作物杂交育种的重要环节。通过杂交促进亲本基因结合于同一杂种个体中，在杂种后代杂合基因的分离和重组过程中，选出符合育种目标的纯合型重组类型，再通过一系列试验，鉴定品系的生产力、品质和适应性，使之成为符合育种目标的新品种。在这一系列的杂交、选择、鉴定过程中，所有的工作都应落实在试验地中，这样的地段就是育种试验圃。作物杂交育种的工作程序，是由以下几个内容和任务不同的试验圃组成的。

(一)原始材料圃

主要是种植从国内外收集来的原始材料，一般分类型种植，每份种植几十株。应不断引入新种质，丰富育种材料的基因库。有目的地引进具有丰产、质优、抗倒伏、抗病虫害等特性的材料。要严防不同材料间发生机械混杂和生物学混杂，保持原始材料的典型性和一致性。重点材料应连年种植，一般材料可以室内保存种子，分年轮流种植，这样不但可以减少工作量，而且可以减少引起混杂的机会。

进行比较系统的观察记载，并根据育种目标选出若干材料作为重点进行研究，以备选作杂交亲本。

(二)亲本圃

从原始材料圃中每年选出合乎杂交育种目标的材料作为亲本，种植于亲本圃。为了方便杂交，一般按组合将父母本相邻种植。生育期不同的杂交亲本，应分期播种，以便花期相遇；并适当加大行距，便于进行杂交。

(三)选种圃

种植杂交组合各世代群体的区域称为选种圃，有时也将种植 F_1、F_2 的地段称为杂种圃。采用系谱法时，在选种圃内连续选择单株，直到选出优良一致的品系升级为止。

F_1、F_2 按组合混种，稀植点播，肥力宜高。F_1 的田间主要工作是根据亲本性状鉴别真假杂种，并剔除假杂种。剩下各组合的真杂种，除表现明显不好的以外，按组合收获种子。为了使优良个体尽可能得到表现，F_2 每个组合的群体应大些，一般每个组合要有 1 000～2 000 株，重点组合还要多些。F_2 是强烈分离世代，应根据育种目标的要求，严格选择优良组合和优良单株。

从 F_2 开始，当选单株种成株行，小株作物每 10～20 行、中株作物每 5～10 行种 1 行对照。必要时，可在每一组合的前后种植亲本。在选种圃中，每个单株的种子，单独种植 1 个小区，称为 1 个株系。每个株系的种植数量应根据作物而定，在成熟期选择优良单株。杂种株行或株系在选种圃的年限，因性状稳定所需要的世代而不同。

在选种圃内表现性状稳定、符合育种目标要求的株系,可按株系收获。

(四)鉴定圃

鉴定圃主要种植从选种圃升级的品系和上年鉴定圃入选的品系,其任务是对被鉴定品系进行产量比较,鉴定其一致性,并进一步对各性状进行观察比较。由于鉴定的品系多,而每一品系的种子数量较少,所以鉴定圃的小区面积较小,一般重复2~3次。多采用顺序排列,每隔4区或9区种1个对照区。一般采用条播法,试验条件和管理水平与生产田相近。每一品系一般鉴定1~2年。产量超过对照品种,并达到一定标准的优良一致的品系,升级至品种比较试验,少数再试验1年,其余淘汰。

(五)品种比较试验

种植鉴定圃升级的品系,或继续进行试验的优良品种。品种或品系数目相对较少,小区面积较大,重复4~5次。在较大面积上对品种或品系的产量、生育期、抗逆性等进行更精确和详细的考察。小区排列宜采用随机区组法,以提高试验的准确性。试验的耕作、播种、管理等作业力求与生产田接近,使试验具有代表性。

由于每年的气象条件不同,而不同品种或品系对气象条件又有不同的反应,为了确切地评选品种或品系,一般材料要参加2年以上的品种比较试验。根据田间观察、抗性和品质鉴定以及产量表现,选出最优良的品种或品系,参加全国或省(自治区)、直辖市组织的区域试验。

(六)生产试验和多点试验

对表现优异的品种或品系,可在品种比较试验的同时,将其送到服务地区内,在不同地点进行生产试验,以便使品种经受不同地点和不同生产条件的考验,并起到示范和繁殖作用。生产试验和多点试验的品种不宜过多,设置对照和适当的重复,小区面积尽量大些,栽培管理措施与生产田一致,一般进行2~3年试验。

四、训练步骤方法

(1)参观育种试验圃　学生分组参观学院实训基地作物杂交育种各试验圃,听取基地教师对各试验圃的介绍。详细了解各试验圃的种植、管理、选择技术要求,明确各试验圃的任务和主要工作内容,并绘试验圃田间排列图。

(2)确定杂交育种程序　确定小麦、水稻、大豆等自交作物的杂交育种程序,概算杂交育种的年限及每年的试验用地量。

(3)说明各圃的任务和工作内容　学生表述原始材料圃、亲本圃、选种圃、鉴定圃、品种比较试验、生产试验和多点试验的任务和工作内容。

五、考核标准及配分

本技能满分 100 分，合格标准要求达到 80 分。

①熟悉杂交育种的工作程序。　50 分

②正确绘制试验圃场田间排列图。　25 分

③正确表述各圃场的任务和工作内容。　25 分

六、作业

作物杂交育种程序确定写出实训报告。

综合训练二十四　品种比较试验设计和种子准备

一、训练目的

了解品种比较试验设计的基本要求；掌握品种比较种植任务书的内容和写作方法；能够根据品种比较种植任务书的要求，进行小区播种量计算、种子分装和编号，为实施品种比较试验打下基础。

二、训练场所、用具及材料

(1)训练场所　学院实训基地、实训室。

(2)用具及材料　天平、计算器、打号机、直尺、铅笔、记录本、绘图纸、大豆(或小麦)6 个参试品种、种子袋、种子盘等。

三、训练内容

(一)品种比较试验设计

(1)试验地基本情况调查　在确定试验方案前应先对试验地进行调查，查清试验地的土质、地形、地势、肥力、前茬、水利条件等，为进行品种比较试验设计打下基础。

(2)确定参试品种　参试比较试验的品种(或品系)一般是由鉴定圃升级的品系，或继续进行试验的优良品种，也可以是从外地引进的品种。品种(或品系)数目不宜过多，一般以 4～6 个为宜，否则会加大试验地面积。

(3)编制种植任务书　品种比较种植任务书的内容主要包括试验名称、试验年

份和地点、试验材料或代号、田间设计、小区设计、田间管理、调查记载等。

品种比较试验一般采用随机区组设计，以当地主栽品种为对照，重复 2～4 次。区域试验必须采用随机区组设计，重复 3～5 次。小区面积一般矮秆作物小些，高秆作物大些。小麦等密植作物可用 5 行区，行长 6 m，行距 30 cm，小区面积为 9 m^2；玉米常采用 5 行区，行长 6 m，行距 70 cm，小区面积为 21 m^2；大豆可采用 5 行区，行长 5 m，行距 60 cm，小区面积为 15 m^2。

根据田间设计方法、供试品种（品系）数、小区面积、过道宽度及保护行面积，概算试验地面积。

(4)绘制小区排列图　根据试验地的规划和试验设计方法，绘制试验小区田间排列图，并复制 3～5 份，便于田间各项作业和调查工作按图进行。小区排列图上应标明试验名称、试验小区起止号、保护行、试验地方位及相邻作物等。

(5)准备试验记录本　试验记录本分田间记载用和室内永久保存两种。记录本的内容一般包括上年小区号、本年小区号、品种名称或代号、主要观察记载项目等。

（二）种子准备

(1)种子量计算　按小区计算种子用量。小区试验播种量确定与生产田播种量计算方法相似，可以采用下列公式计算：

$$\text{小区播种量}(g/m^2)=\frac{\text{每平方米计划保苗数}\times\text{千粒重}(g)}{\text{发芽率}(\%)\times\text{净度}(\%)\times 10^3}$$

(2)种子分装　将试验品种按计算的小区播种量，用天平称出或数粒，装入种子袋内，写好标牌。如果是人工播种，最好按行平均分装，以保证播种均匀。称量种子时应核对种子袋的内外标牌是否与试验计划的名称相符。称量或数粒时除去病虫粒、半粒和杂质。每个品种的种子袋数应与试验重复数（或小区行数×重复数）相同。称量和分装种子时要按品种分别进行，严防品种混杂。

(3)种子袋排列及编号　将各品种种子袋按田间设计要求依次排列，认真检查，确认无误后用打号机在种子袋上打上本年试验小区号。再次进行检查，核对无误后按小区顺序装入种子盘或种子箱内，等待播种。

需要药剂拌种防治苗期病虫害的，应在准备种子时作好拌种，以防止苗期病虫害所致的缺苗断垄。

四、训练步骤方法

(1)编制种植任务书　分析一份品种比较种植任务书，了解其结构、内容和写作方法。根据当地的自然条件、生产条件、实验地情况，教师提供供试的某一作物品种 6 个(大豆、小麦、玉米等)，在认真调查研究的基础上，每人编制一份品种比较种植任务书，在小组内讨论所编制种植任务书。

(2)田间设计和种子准备　分组进行种子准备，每组 3～4 人。

①小区播种量计算。根据田间保苗数和种子质量计算小区播种量。

②种子称量、装袋、写标牌。按小区播种量称量种子，装入种子袋或纸袋中，写好标牌，并进行核对。

③种子袋排列及编号。按小区田间排列图进行种子袋排列、编号。

五、考核标准及配分

本技能满分 100 分，合格标准要求达到 80 分。

①品种比较种植任务书符合实际，内容全面，结构合理。　40 分

②小区排列图绘制准确。　20 分

③种子量计算准确。　10 分

④种子分装及编号符合要求。　30 分

六、作业

制定一份当地主栽作物的品种比较种植任务书。

综合训练二十五　育种试验地的区划及播种

一、训练目的

掌握试验地区划技术要求和试验地播种方法；能够依据试验方案对试验地进行区划，并能正确进行播种作业。

二、训练场所、用具及材料

(1)训练场所　学院实训基地、教师科研田。

(2)用具及材料　测绳、皮尺、木桩、铁锤、直角仪、划印器或镐头、小区田间排列图、铅笔、记录本、分装及编号后的种子、化肥、播种尺等。

三、训练内容

(一)育种试验地区划

(1)育种试验地准备　在区划前,根据试验要求施入基肥,施肥应均匀,避免施基肥不当而造成土壤肥力上的差异。耕地时应深浅一致,并整平耙细,达到播种作业要求。垄作的试验地还应起垄、镇压。整地后在试验田四周开排水沟,达到雨后田面不积水的要求。

(2)划基准线　通常先计算好整个试验区的总长度和总宽度,然后根据土壤肥力差异再划分重复、小区、走道和保护行等。

先用测绳和镐头在试验地的一侧划出第一条基准线,这条基准线可与地边的道路、水渠等设施平行,已起垄的地块以一侧的一条垄为第一条基准线,然后用直角仪、测绳和镐头划出与第一条基准线垂直的第二条基准线。无直角仪时,可通过勾股定理,划出垂直线。再用同样的方法划出第三条基准线,划定试验地的四周边界。垄作地块两侧以垄为界,只需划出两端的基准线。

(3)划分区带　按小区田间排列图的要求,用皮尺在两侧基准线或垄上确定出各区带的长度和过道位置,用木桩或其他标牌做标记。然后在相应的木桩间拉紧测绳,用划印器或镐头划出各区带和过道。对各小区插标牌时,从较小编号的一侧开始插,插完后核对一次,确保与小区田间排列图一致。

(二)试验区播种

(1)人工播种　人工播种是当前育种试验主要的播种方法。

首先查看育种试验地区划的小区标牌是否完整,经核对无误后按区号分发种子袋,再将区号与种子袋上号码核对一次,使标牌区号、种子袋上区号与小区田间排列图上区号三者一致。

播种前须按规定的行距开好播种沟,要求播种沟直、深浅一致。播种时应力求种子分布均匀,播深一致。为了保证种子均匀分布,可将播种尺放在沟内,在每一刻度处点上规定粒数的种子。尤其要注意各处理同时播种,播完一个小区后,种子袋仍放在小区的一端,用土块压上,播后须逐个小区检查,如有错漏,应立即纠正,然后覆土、镇压。整个试验区播完后再复查一次,无误后将种子袋收回;如果发现错误,应在小区田间排列图上改正,并在记录本上注明。

(2)机械播种　播种前对照小区田间排列图认真核对区号、种子袋号。小区形状要符合机械播种的要求。先检查播种机的工作状态,按规定的播种量调节好播种机;在播种以后还须核定每区的实际播种量,并做记录;播种机的速度要均匀一致,而且种子必须播在一条直线上,播深一致,及时镇压。播完一个品种后,需彻底清理播种机内的种子，再播下一个品种，防止混杂。

无论人工播种还是机械播种，播种后必须进行全面检查，如有露籽，应及时覆盖。出苗后要及时检查所有小区的出苗情况，如有小部分漏播或过密，必须及时设法补救。如大量缺苗，则应详细记载缺苗面积，以便计算产量时扣除，但仍须补苗，以免空旷对邻近植株发生影响。

(3)移栽　如需进行移栽，育苗时按技术要求作业，取苗时要挑选大小均匀的秧苗，以降低试验材料的误差。如果秧苗不能完全一致，则可分等级按比例等量分配于各小区中，以减少小区间差异。运苗中要防止发生差错，最好用塑料牌或其他标志物标明试验处理或品种代号，随秧苗分送到各小区，经过核对后再行移栽。移栽时要按照预定的行距和穴距进行，保证达到规定的密度，使所有秧苗保持相等的营养面积。移栽后多余的秧苗可留在小区的一端，以备补栽。

整个试验区或一个试验圃应在一天内播种或移栽完，以降低因播期不同带来的试验误差。试验区播种或移栽完毕后，应立即播种或移栽保护行。将实际播种情况，按一定比例在田间记录本上绘出田间种植图，图上应详细标记各重复的位置、小区面积、形状、每个小区的起止行号、步道、保护行设置等，便于调查及管理。

四、训练步骤方法

(1)试验地区划　以小组为单位，进行训练，每个小组 3～4 人。包括确定试验区的长度和宽度、划基准线、划分小区和步道、插标牌。

(2)试验区播种

①种子分发与核对。

②播种。采用人工播种方法，每个小区由专人播种，按规定的行距和株距点种。小区内每行施肥、点种后暂不覆土，待一个小区每行都播完，保证种子够用时再覆土、镇压。要求开沟直、深浅一致，种子分布均匀，覆土厚度一致，及时镇压。

③播后检查。

五、考核标准及配分

本技能满分 100 分，合格标准要求达到 80 分。

①试验地区划方法正确。　30 分

②试验地区划结果准确。　20 分

③试验区播种准备及播后检查符合要求。　20 分

④试验区播种作业质量高，无差错。　30 分

六、作业

作育种试验地的区划及播种实训报告。

综合训练二十六　作物杂交技术

一、训练目的

了解水稻、玉米等作物的花器构造和开花习性，掌握水稻人工去雄、授粉和玉米套袋、授粉方法，能熟练进行杂交操作和授粉后管理，获得杂交结实种子，为作物育种和种子生产打下基础。

二、训练场所、用具及材料

(1)训练场所　学院实训基地中的水稻、玉米杂交亲本圃。

(2)用具及材料　水稻和玉米杂交亲本材料各 6 份以上，剪子、镊子、放大镜、广口瓶、酒精、棉球、铝盒、隔离袋、授粉纸袋、铅笔、标牌、记录本、曲别针、大头针等。

三、训练内容

(一)水稻花器构造及开花习性观察

(1)水稻花器构造　水稻是雌雄同花的自花授粉作物。水稻的花序为圆锥花序，称为稻穗。稻穗由主轴、一次枝梗、二次枝梗、小穗梗和其上的小穗组成。小穗长圆形，亦称颖花，有 1 枚外稃、1 枚内稃、6 枚雄蕊、1 枚雌蕊和 2 枚浆片，雌蕊的柱头呈帚刷状(图 26-1)。

(2)水稻开花习性　稻穗通常先从主轴上开花，其次是上部的枝梗开花，然后从上向下各枝梗依次开花。在同一枝梗上，顶端第一小穗先开，接着是枝梗基部的小穗开花，再依次向上开花，顶端第二小穗往往最后开花。

水稻花粉在自然条件下放置 3 min，就只剩下 50％的花粉能够萌发；放置 5 min，基本全部失去萌发能力。柱头的生活力，在去雄后可维持 6 d 左右，在去雄后 1～2 d 授粉，结实率最高。

(二)玉米花器构造及开花习性观察

(1)玉米花器构造　玉米是异花授粉作物，单性花，雌雄同株异花。雄穗着生于植株顶端，为圆锥花序，具有多个分枝，每一分枝上着生若干雄小穗。雄小穗成

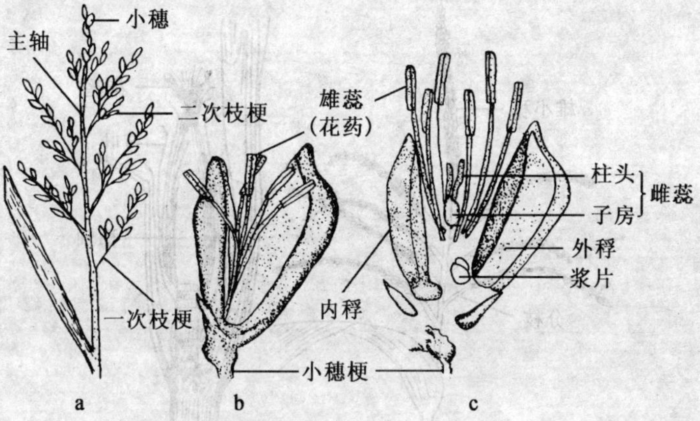

图 26-1　水稻花序和花器构造

a. 稻穗形态　b. 开花时颖花外观　c. 颖花的结构

对着生，每一雄小穗具 2 枚颖片和 2 朵雄花。每朵雄花由 1 枚外稃、1 枚内稃和 3 枚雄蕊组成。雌穗着生于植株中部的叶腋内，为肉穗花序。雌穗外由叶状总苞片所包裹，穗轴粗大，其上着生许多纵行排列的雌小穗。每一雌小穗具 2 枚颖片、1 枚不育雌花和 1 枚可育雌花。雌花花柱和柱头细长，合称花丝。花丝黄色、淡红或紫红色，其上密生茸毛，能接受花粉。雌穗上的小穗成对排列，每一雌小穗只能结 1 个子粒，因此果穗上的子粒行数都是成双的(图 26-2)。

(2)玉米开花习性　玉米的雄穗先抽穗开花，同一植株上雄穗开花一般比雌穗早 3～5 d。一株玉米的雄穗从开始开花到开花结束，需要 7～8 d，一般在开花后 3～4 d 开花最多，约占全部花的 60%。一天内开花最多的是上午 10 时以前，中午和下午一般开花很少。

玉米雌穗从开始开花到开花结束，一般 2～5 d，有时可长达 7 d。其中第 2～4 天，大部分雌花已开放，柱头已基本抽齐。柱头的生活力可保护 10～15 d，但在刚抽出的 1～2 d，生活力最强，此时授粉结实率最高。高温、干旱往往使柱头凋萎，丧失生活力。

(三)确定杂交组合，选择杂交亲本单株

根据育种目标要求，在研究亲本材料的基础上，确定杂交亲本组合。要求杂交亲本组合优良性状多，缺点少，而且双亲优缺点能互补。此外，还要求双亲的生态类型差异较大，亲缘关系较远，具有较高的配合力，其中一个亲本最好是能适应当地条件，综合性状好的推广品种。

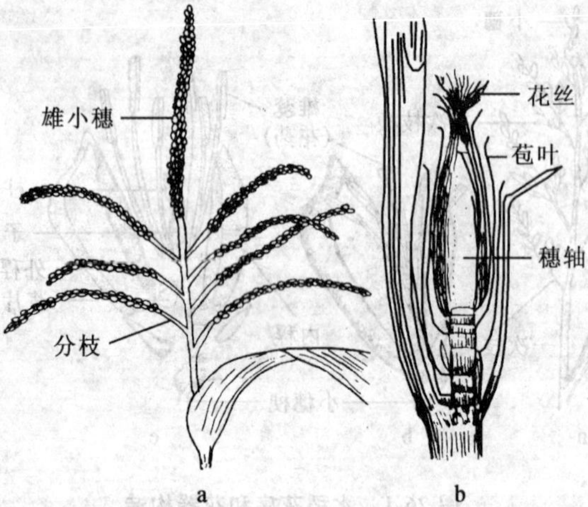

图 26-2 玉米雌雄花序

a. 雄花序形态 b. 雌穗纵切面

在选择杂交单株时，应注意选择具有原品种典型性状、生长健壮和无病虫害的单株作亲本。

(四)水稻有性杂交(剪颖去雄法)

(1)选穗整穗 在杂交前一天下午的 4～6 时，选择已抽出叶鞘 1/3，穗尖已开过一些花的母本稻穗，用剪子剪去稻穗上部和下部枝梗上的小穗，保留中部枝梗上的小穗。在中部枝梗上留下 20～30 个第二天能够开花的小穗，将其他小穗全部剪去。第二天能够开花的小穗的标志是雄蕊的长度达到内稃长度的 2/3 左右。可以对着太阳观看小穗，从外面能隐约看到雄蕊在花内的位置。

(2)剪颖去雄 用剪子把整好穗留下小穗的颖壳上部剪去 1/4～1/3，再用镊子小心除去每枚小穗内的 6 枚雄蕊(花药)。夹取花药时，动作要轻而准，既不能夹漏花药，也不能将花药碰破。如果碰坏花药，必须将整个小穗淘汰。每个小穗去雄后，要将镊子放入 70%酒精中浸泡片刻，杀死上面可能粘附的花粉。一般每穗留下 20 个左右剪颖去雄的小穗。

(3)套袋挂牌 将去雄后的稻穗用纸袋套上，并用曲别针将纸袋别好，防止花粉进入袋内授粉。然后挂上标牌，用铅笔写明母本品种名称、去雄日期和操作者姓名，并作记载，等待第二天进行授粉。

(4)采粉授粉 在去雄后第二天上午 8～12 时，选择即将散粉的父本植株，轻轻拔下稻穗，插在装有水的广口瓶内，拿到去雄的母本植株处。小心地取下前一天套在母本穗上的纸袋，然后用镊子夹父本成熟花2～3个，在母本柱头上轻轻摩擦，并留花药在母本颖花内，使花粉散落到母本柱头上。授粉时注意不能损伤母本花器。授粉后继续套上纸袋，用曲别针固定好。最后用铅笔在标牌上写明杂交日期、组合名称和杂交者姓名，并在记录本上记载。

(5)授粉后管理 在授粉后5～7 d检查母本稻穗上的子房是否膨大，如果子房膨大，表明已有结实的种子。还要检查纸袋是否固定好，如固定不好应及时调整，以防止主轴和枝梗折断，造成杂交失败。记录管理的内容和时间。

(6)收获 种子成熟时要及时收获。收获时要将杂交稻穗所结的种子与标牌一同绑好，单独脱粒、保存，并做详细记录，以免造成杂交系谱混乱。

(五)玉米有性杂交

为了保证杂交种子的纯度，要严格做好套袋隔离，防止串粉混杂。

(1)母本雌穗套袋 选择抽出叶鞘花丝尚未吐出的母本雌穗，用纸袋套上，再用曲别针或大头针将袋口别好(图26-3)。套袋时不能过紧，以免影响母本雌穗生长；也不能过松，以免纸袋被风吹掉或吹歪下垂，造成花丝外露而串粉。套袋后到授粉前，要经常检查雌穗套袋情况，如果发现由于雌穗长大导致纸袋松动，要及时调整纸袋位置，以保证套好雌穗。

(2)父本雄穗套袋 于授粉前一天下午，用雄花纸袋套住即将散粉或已有少量花粉散开的父本雄穗，把纸袋口外折成三角形，用曲别针别紧(图26-3)。

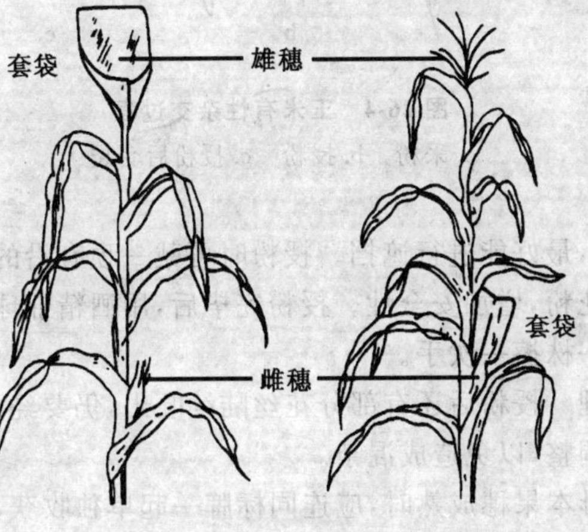

图26-3 玉米雌雄穗套袋

a. 父本雄穗套袋 b. 母本雌穗套袋

(3)采粉　在父母本的盛花期，于上午太阳升起露水干后采集花粉。采粉时一手握住父本雄穗穗柄，将雄穗稍稍弯下，并轻轻抖动，另一只手取下纸袋，将花粉汇集于袋角处。注意不要折断父本雄穗，以免影响其他母本的授粉。

(4)授粉　在雌穗花丝吐出 3～4 cm，柱头呈短刷状时授粉最好。过早授粉不完全，易造成秃尖；过晚授粉不均匀，易造成果穗一侧粒小而少，形成弯穗。授粉时间在上午 8～11 时，露水干后进行。授粉前先用酒精擦手消毒，再轻轻拿开雌穗上的纸袋，露出花丝后迅速将花粉均匀地撒在母本花丝上。授粉后，仍用原来的纸袋将雌穗套好，并用大头针固定，但应在袋顶和穗顶之间留出一定的距离，以防止果穗伸长顶破纸袋。最后在雌穗基部挂上标牌，用铅笔写明杂交组合、授粉日期和操作者姓名等(图 26-4)。

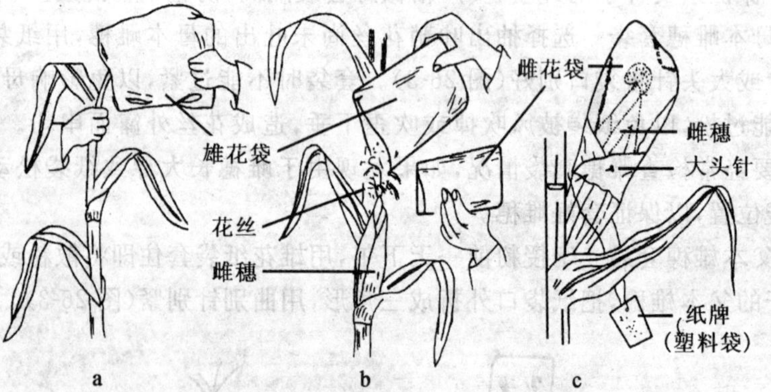

图 26-4　玉米有性杂交过程

a. 采粉　b. 授粉　c. 授粉后套袋

授粉动作要快，最好能进行遮挡。授粉时可戴一顶有沿的草帽，以遮在套袋雌穗上方，阻挡异株花粉，增加安全性。授粉完毕后，用酒精棉球擦手，以杀死附着的花粉，要做到授完一株擦一次手。

(5)授粉后管理　授粉后还有部分花丝陆续吐出，仍要经常检查母本雌穗套袋情况，并及时进行调整，以免造成混杂。

(6)收获　在母本果穗成熟时，应连同标牌一起单独收获，并单独保存，做好记录，供下年播种以检验杂交是否成功。

四、训练步骤方法

(1)自由观察水稻玉米花器构造和开花习性

(2)选择需要进行杂交的植株 各地可根据学校实际,选择某些作物(如水稻和玉米)有性杂交,10穗即可。

(3)杂交操作 分别按照不同作物的不同要求进行操作。也可用小麦、大豆等作物进行杂交训练,其具体步骤、方法与水稻相似。

五、考核标准及配分

本技能满分100分,合格标准要求达到60分。

①选择植株和果穗正确。 20分

②杂交程序科学,操作项目全面。 20分

③杂交结实率高。 60分

六、作业

完成一份水稻、玉米杂交实训报告。

综合训练二十七 试验田间调查

一、训练目的

了解作物育种试验中田间调查的意义;掌握小麦、水稻、玉米、大豆等作物田间调查的项目、标准及方法,为全面评价试验材料提供第一手资料。

二、训练场所、用具及材料

(1)训练场所 学院实训基地中的小麦、水稻、玉米、大豆试验田。

(2)用具及材料 卷尺、放大镜、记录本、标牌、铅笔、计算器等。

三、训练内容

(一)调查方法及项目

(1)调查方法 田间调查是获取试验数据的基本手段。调查方法的不同直接影响到数据的准确程度。由于试验内容不同、调查项目不同,其调查方法也不一样,有全面调查法和抽样调查法。多数情况下采用抽样调查法。抽样调查法又有典型取样法和机械取样法两种,其中常用的是机械取样法。机械取样法又分为对角线取样法、棋盘式取样法、“S”形取样法、平行法等。因为机械取样法能避免人为主观影响,减少人为误差,方法简单、试验结果更加可靠,因此常被采用。取样点的设定有临时和固定两种。

(2)调查项目　一般试验田间调查项目可分为三类。

①气象条件的调查记载。正确记载气象条件，注意作物生长动态，研究两者之间的关系。气象观察可在试验所在地进行，也可引用附近气象台(站)的资料。有关试验地的小气候，则必须由试验人员观察记载。对于特殊气象条件，如冷、热、风、雨、霜、雪、雹等灾害性天气以及由此而引起的作物生长发育的变化，应及时观察并记录下来，为试验结果分析提供参考。

②田间农事操作的记载。任何田间管理和其他农事操作都在不同程度上改变作物生长发育的外界条件，因而会引起作物的相应变化。因此，详细记载整个试验过程中的农事操作，如整地、施肥、播种、中耕除草、防治病虫害等，将每一项操作的日期、数量、方法等记录下来，有助于正确分析试验结果。

③作物生育动态的调查记载。这是田间调查记载的主要内容。在整个试验过程中，要调查作物的各个物候期(或称生育时期)、形态特征、特性、生长动态、抗逆性、经济性状等。

(二)调查项目标准

不同作物调查项目略有不同，下面是小麦、水稻、玉米、大豆试验田间调查项目及标准。

(1)小麦

①播种期。记载播种日期。

②出苗期。全区50%的幼苗第一片叶出土2 cm的日期。

③出苗率。田间取样调查，每点1 m^2，查清出苗数，计算出苗率。

④分蘖期。全区50%的植株第一分蘖露出叶鞘1 cm的日期。

⑤分蘖数。田间取样调查，查清样点内的分蘖数，除以基本苗数，即为单株分蘖数。

⑥拔节期。全区50%的植株第一茎节露出地面1 cm的日期。

⑦抽穗期。全区50%的植株主茎穗顶端(不计芒)露出旗叶叶鞘2 cm的日期。

⑧成熟期。全株变黄，子粒大小、形状和色泽均已接近品种固有特征，用指甲划动无痕，但腹沟尚软的日期，相当于蜡熟末期。

⑨收获期。记载收获日期。

⑩抗锈性。以发病率和严重率表示。在小麦生育期内调查2～3次。记载开始发病时间，发病后2～3周进行第一次调查，开花到乳熟进行第二次调查，叶片干枯前进行第三次调查。

⑪赤霉病。大面积发病时用发病率与严重率合并计算病情指数;局部发病只计算发病率。

⑫黑穗病。抽穗后调查发病率。

⑬抗倒伏性。用倒伏程度和倒伏面积表示。倒伏程度根据植株倾斜角度分为4级:0级直立不倒,1级倾斜不超过15°,2级倾斜15°~45°,3级倾斜超过45°。倒伏面积以实际面积表示,也可用倒伏面积占全区面积的百分数表示。

(2)水稻

①播种期。秧田播种的日期。

②出苗期。秧田50%幼苗第一片完全叶出土2 cm的日期。

③苗情。分好、中、差3级。

④移栽期。移栽的日期。

⑤返青期。本田50%秧苗返青的日期。

⑥分蘖始期。全区10%植株第一分蘖露出叶鞘1 cm的日期。

⑦分蘖盛期。全区80%植株出现第一分蘖的日期。

⑧分蘖末期。也称出叶转换期,是营养生长与生殖生长的分界限。全区50%植株叶鞘由扁变圆,中筋消失,下部节间开始伸长的日期。

⑨始穗期。全区10%植株穗顶露出叶鞘的日期。

⑩齐穗期。全区80%植株开始抽穗的日期。

⑪有效分蘖数。能抽穗结实的分蘖称为有效分蘖,取样调查单株有效分蘖数。

⑫稻瘟病。主要调查叶瘟和穗茎瘟,以发病率和病情指数表示。

⑬抗倒性。倒伏程度分为直立、倾斜、倒伏3级。确定倒伏级别,并记载倒伏的时期和倒伏的面积。

⑭成熟期。稻穗中部小穗颖壳变黄,米粒变硬,出现该品种种子固有特征的日期。

⑮收获期。记载收获的日期。

(3)玉米

①播种期。记载播种日期。

②出苗期。全区50%的幼苗第一片叶出土2 cm的日期。

③苗期长势。分好、中、差3级。

④拔节期。全区50%的植株开始拔节的日期。

⑤抽雄期。全区50%的植株雄穗顶端露出叶鞘的日期。

⑥吐丝期。全区50%的植株雌穗吐出花丝的日期。

⑦成熟期。全区90%的植株子粒硬化,苞叶呈现成熟时固有颜色的日期。

⑧收获期。记载收获日期。

⑨倒伏程度。抽雄后因各种自然灾害，使植株倾斜度大于45°为倒伏。倒伏程度分3级：倒伏1/3以上为轻度，倒伏1/3～2/3为中度，倒伏2/3以上为重度。

⑩倒折率。抽穗后果穗以下部位折断的植株所占的百分比。

⑪空秆率。成熟时无穗(包括有穗无粒和少于10粒)植株所占的百分比。

⑫双穗率。成熟时双穗及多穗植株占全部结实植株的百分比。

⑬株高。乳熟期地面至雄穗顶端的高度，单位：cm。

⑭穗位高。乳熟期地面至最下部果穗着生节位的高度，单位：cm。

⑮茎粗。乳熟期基部第三个节间中部的直径，单位：cm。

⑯叶斑病。包括大斑病和小斑病两种病害。在乳熟期目测，分4级记载。无：全株叶片无病斑。轻：植株下部有部分叶片枯死，中部叶片有病斑，病斑面积占总面积的25%以下。中：植株下部有较多叶片枯死，中部叶片有病斑，病斑面积占总面积的50%以下。重：植株下部叶片全部枯死，中部叶片部分枯死，上部叶片有病斑，病斑面积占总面积的50%以上。

⑰青枯病。乳熟期调查病株数，以发病百分比表示。

⑱黑穗病。乳熟期调查病株数，以发病百分比表示。

(4)大豆

①播种期。记载播种日期。

②出苗期。全区50%的幼苗子叶出土的日期。

③出苗率。实际出苗数占理论苗数的百分比。在幼苗对生单叶展开时取样调查，计算平均值。

④始花期。全区有10%植株开花的日期。

⑤开花期。全区有50%植株开花的日期。

⑥终花期。全部植株开完花的日期。

⑦花色。分白色和紫色。

⑧植株整齐度。目测植株整齐度，分整齐、中等、不整齐3级。

⑨倒伏性。包括倒伏面积、倒伏程度和倒伏时间。测量倒伏面积，记录倒伏时间。目测倒伏程度，分5级。1级：全区植株直立不倒。2级：全区仅有少数植株倒伏或倾斜。3级：全部植株略倾斜或25%～50%植株倒下。4级：全部植株倾斜或50%～80%植株倒下。5级：全部植株严重倒伏。

⑩结荚习性。在成熟期观察，分为无限结荚习性、亚有限结荚习性和有限结荚习性3种类型。

⑪株高。从子叶节至植株顶端的高度，在成熟期测量。

⑫结荚高度。从子叶节到基部第一个荚所在节的高度。

⑬节数。即主茎的节数。

⑭分枝数。即主茎上2个以上节结荚的分枝数(只有1个节结荚及分枝上的分枝不计算)。

⑮成熟期。子粒完全成熟,粒形、粒色已达品种固有特征的日期。

⑯收获期。记载收获日期。

⑰发病率。调查根腐病、灰斑病等病害的病株数,以发病百分比表示。

四、训练步骤方法

(1)识别各种调查项目的标准 由指导老师放映各种作物调查标准的实物幻灯片,让同学识别。

(2)确定调查作物 根据各地实际情况,选择确定调查作物田块。

(3)选择调查点和确定调查时间 在选定的小麦或水稻、玉米、大豆试验田中,采用对角线五点法取样,每个样点1～2 m^2,按田间调查项目要求定点调查。在播种后,每3～4 d调查测量一次,认真记载各调查项目,直至收获。

五、考核标准及配分

本技能满分100分,合格标准要求达到80分。

①各项目标准掌握准确。 25分

②调查时间适宜。 25分

③调查项目齐全。 25分

④调查方法正确,结果准确。 25分

六、作业

做试验田间调查实训报告。

综合训练二十八 典型优良单株选择

一、训练目的

了解典型优良单株选择在原种生产中的重要意义;掌握当地主栽作物优良品种的特征、特性,在田间选出具有本品种典型特征的优良单株;能够正确进行室内考种,为下年株行圃提供播种材料。

二、训练场所、用具及材料

(1)训练场所　学院实训基地中的大豆或水稻种子田、实训室。

(2)用具及材料　照相机、放大镜、卷尺、铅笔、标牌、记录本、室内考种表、细绳、种子袋等。

三、训练内容

(一)田间选择典型优良单株

在原种生产过程中,田间选择典型优良单株应在作物品种形态特征表现最明显的时期进行,特别是抽穗期(或开花期)和成熟期。在抽穗开花期进行典型优良单株选择,并做好标记。在第二次拔杂去劣后,逐株进行复选。选择时应注意避免在地头、地边或缺株断条的地段选择;不同品种应防止混杂。入选的植株经过晾晒后,进行室内考种决选。大豆、水稻、小麦等作物典型优良单株的标准如下:

(1)形态指标

①大豆。根据成熟早晚、株型、株高、结荚习性、茸毛色、荚色、叶形等性状进行鉴别。

②水稻。根据成熟早晚,株高,剑叶长短、宽窄和着生角度,穗形,粒形,粒大小,颖壳和颖尖色,芒的有无、长短和颜色等性状进行鉴别。

③小麦。根据成熟早晚、株高、茎色、穗形、壳色、小穗紧密度、芒的有无与长短等性状鉴别。

(2)丰产性好　大豆要求节间短,株高适宜,结荚密,单株荚数多,每荚粒数较多。水稻、小麦要求穗大粒多,子粒饱满,充分成熟。

(3)成熟期适宜,且一致

(4)植株健壮　抗病虫能力强,秆强不倒。

(二)室内考种决选

经过田间选择的典型优良单株,还要经过室内考种,才能确定其优劣,淘汰非典型单株。符合品种典型特征的入选单株,分别脱粒,装入种子袋中。注明品种名称、株号、选种人姓名和时间,妥善保存,作为下年株行圃的播种材料。

四、训练步骤方法

(1)熟悉单株选择的标准和要求　根据待选作物的特点和要求,确定单株选择的标准。

(2)确定选择作物及田块,进行单株选择　准备好铅笔、标牌、细绳等用具;在抽穗或开花期每个学生根据品种特征，选择典型优良单株15株，挂上标牌，做好标记。在成熟期逐株复选，保留10株，连根拔起，轻轻除去泥土，捆成1捆，系上2个标牌，捆内、捆外各1个。标牌上写明品种名称、选种人姓名和时间。

(3)室内考种　按大豆或水稻的考种项目和方法要求，认真进行考种。要求逐株进行考种，并将结果填入考种表中(表28-1、表28-2)。根据考种结果，淘汰不符合该品种特征的单株，选出优良单株。按单株脱粒、装袋，标明品种名称、株号、选种人和时间。

表28-1　水稻优良单株室内考种表

株号	株高/cm	穗形	穗长/cm	每穗粒数	每穗粒重/g	稃尖色	谷壳色	芒	粒形	千粒重/g	米质	出米率/%	结实率/%	典型性

品种名称________　选种人________　选种时间________　考种时间________

表28-2　大豆优良单株室内考种表

株号	株高/cm	底荚高/cm	结荚习性	茸毛色	分枝数	主茎节数	单株荚数	单株粒数	每荚粒数	一粒荚数	二粒荚数	三粒荚数	四粒荚数	荚熟色	粒色	粒形	种皮光泽	脐色	单株粒重	典型性

品种名称________　选种人________　选种时间________　考种时间________

五、考核标准及配分

本技能满分100分，合格标准要求达到80分。

①明确不同作物单株选择的标准。 20分

②优良单株选择正确，决选后入选单株率达80%。 30分

③考种项目齐全，操作认真，记录准确。 30分

④运输、晾晒、考种、脱粒、装袋过程无混杂。 20分

六、作业

做大豆或水稻、小麦典型优良单株选择报告。

第四单元　种子生产技能

主要内容

本单元包括九项技能，分别是常规作物制种技术操作规程的制订、杂交制种技术操作规程的制订、杂交制种田的播种技术、杂交作物制种田花期预测及调节、作物制种田隔离区调查、作物制种田间去杂去劣、玉米制种田母本去雄、种子收获、种子贮藏技术。

训练目标

学生基本了解作物种子生产的基本步骤，初步掌握作物种子生产的主要环节，并能够熟练操作作物种子生产的关键技能尤其杂交制种作物的种子生产技能，能够独立从事作物种子生产工作，适应作物种子生产工作岗位要求。

综合训练二十九　常规作物制种技术操作规程的制订

一、训练目的

掌握制订常规作物制种技术操作规程的方法、格式;能独立为本地区的种子生产基地提供具体的常规作物制种技术操作规程。

二、训练场所、用具及材料

(1)训练场所　校内外实训基地。

(2)用具及材料　当地某个常规作物各期特征特性资料及围绕具体生产的栽培、制种、土壤肥料、植物保护参考书或教材。

三、训练内容

(一)制订常规作物制种技术操作规程的方法

①对我国常规作物制种技术操作规程(如 GB/T 17318.1—1998 大豆原种生产技术操作规程、GB/T 17317—1998 小麦原种生产技术操作规程等)作深入研究,总结常规作物制种中的经验,作为制订操作规程的参考。

②制订常规作物制种的主要技术措施和指标。

③技术操作规程初稿的审核。

④经审定的技术操作规程,印制成册,发放给种子繁育员和制种专业户,并组织学习,让每个操作者都熟练掌握,以便按技术操作规程,灵活运用技术措施,达到预计的制种产量和质量指标。

(二)常规作物制种技术操作规程的格式

1. 前言

包括制订规程的目的、制订单位、起草人、起草时间等。

2. 范围

本规程规定了××种子生产的方法和田间纯度检查等内容。

3. 内容

根据常规作物制种的生产实际,制订操作的先后顺序和技术措施,由于不同作物的特征特性不同,所以常规作物种子生产技术的具体内容也不尽相同,如大豆原种生产技术:

(1)隔离　为了避免种子混杂，保持优良种性，原种生产田周围 25 m 不得种植其他品种的大豆。

(2)单株选择

①单株来源。单株在株行圃、株系圃或原种圃中选择，如无株行圃或原种圃时在纯度较高的种子繁殖田中选择。

②选择时期。选择在花期和成熟期进行。

③选择标准和方法。要根据本品种特征特性，在关键时期选择典型性强、生长健壮、丰产性好的单株。如花期根据花色、叶形、病害情况选单株，并给予标记；成熟期根据株高、成熟度、茸毛色、结荚习性、株型、荚型、荚色从花期入选的单株中选拔，选拔时要避开地头、地边和缺苗断垄处。

④选择数量。根据原种需要量来定，一般每个品种株行圃需决选单株 6 000～7 500 株/hm^2。

⑤室内考种及复选。入选植株首先要根据植株的单株荚数、粒数，选择典型性强的丰产单株，单株脱粒，然后根据子粒大小、整齐度、光泽度、粒形、粒色、脐色、百粒重、感病情况等进行复选。决选的单株在剔除个别病虫粒后分别装袋编号保存。

(3)株行圃

①田间设计。各株行长应一致，行长 5～10 m，每隔 19 行或 49 行设一行对照行，对照用同品种原种。

②播种。要适时将上年入选的每株种子播种一行，密度应较大田稍稀，单粒点播，或二三粒穴播留一苗。

③田间鉴评。田间鉴评分三期进行。苗期根据幼苗长相、幼茎颜色；花期根据叶形、花色、叶色、茸毛色、感病性等；成熟期根据株高、成熟度、株型、结荚习性、茸毛色、荚型、荚色来鉴定品种的典型性和株行的整齐度。通过鉴评要淘汰不具备原品种典型性的、有杂株的、丰产性低的、病虫害重的株行，并做明显标记和记载。对入选株行中个别病劣株要及时拔除。

④收获。收获前要清除淘汰株行，对入选株行要按行单收、单晾晒、单脱粒、单装袋，袋内外放、拴好标签。

⑤决选。在室内要根据各入选株行子粒颜色、脐色、粒形、子粒大小、整齐度、病粒轻重和光泽度进行决选，淘汰子粒性状不典型、不整齐、病、虫粒重的株行，决选株行种子单独装袋，放、拴好标签，妥善保管。

(4)株系圃

①田间设计。株系圃面积因上年株行圃入选行种子量而定。各株系行数和行长应一致，每隔 9 区或 19 区设一对照区，对照应用同品种的原种。

②播种。将上年保存的每一株行种子种一小区称为株系。株系可单粒点播或二三粒穴播留一苗，密度应较大田稍稀。

③田间鉴评。田间鉴评同株行圃，若株系出现杂株时，该株系应淘汰，同时要注意各株系间的一致性。

④收获。先将淘汰株系清除后，对入选株系单收、单晾晒、单脱粒、单装袋、单称重，袋内外放、拴好标签。

⑤决选。子粒决选标准同株行圃，决选时还要将产量显著低于对照的株系淘汰。入选株系的种子混合装袋，袋内外放、拴好标签，妥善保存。

(5)原种圃

①播种。将上年株系圃决选的种子适度稀植于原种田中，播种时要将播种工具清理干净，严防机械混杂。

②去杂去劣。在苗期、花期、成熟期要根据品种典型性严格拔除杂株、病株、劣株。

③收获。成熟时及时收获。要单收、单运、单脱粒、专场晾晒，严防混杂。通过以上三圃制繁殖的种子即为该大豆的原种。

(6)种子的贮藏与检验

四、训练步骤方法

(1)学习我国常规作物制种技术操作规程　教师提供国家常规作制种技术操作规程，和学生一起分析、了解规程的形式、内容等。

(2)制订某一常规作物制种技术操作规程　学生根据掌握的资料及当地常规作物种子生产情况，拟订某一常规作物制种技术操作规程。

(3)技术操作规程讨论与修改　学生分别自由发言，介绍自己制订的技术操作规程，其他学生提出修改意见。指导教师总结，提出共性问题，然后学生再次分别修改自己制订的技术操作规程。

五、考核标准及配分

本技能满分100分，要求达到80分以上。

①技术操作规程格式正确。　20分

②内容全面，符合实际，操作性强。　60分

③字迹工整，语言流畅，用词准确。　20分

六、作业

拟订当地某一常规作物制种技术操作规程。

综合训练三十　杂交制种技术操作规程的制订

一、训练目的

掌握制订杂交制种技术操作规程的方法、格式，能独立为本地区的种子生产基地提供具体的作物杂交制种技术操作规程。

二、训练场所、用具及材料

(1)训练场所　校内外实训基地。

(2)用具及材料　当地某一作物杂交种亲本的各期特征特性资料以及围绕具体生产的栽培、制种、土壤肥料、植物保护参考书或教材。

三、训练内容

作物杂交制种技术操作规程是对杂交种生产经验进行的科学总结，是指导作物杂交制种工作的依据。只有严格执行技术操作规程，才能保质保量完成杂交制种任务。

(一)制订作物杂交制种技术操作规程的方法

①对我国作物杂交种繁育制种技术操作规程(如 GB/T 17315—1998 玉米杂交种繁育制种技术操作规程、GB/T 17319—1998 高粱杂交种繁育制种技术操作规程等)作深入研究，总结作物杂交制种中的经验，作为制订技术操作规程的重要参考。

②作物杂交种子的品质是制订技术操作规程的主要依据。

③制定作物杂交制种的主要技术措施和指标。

④技术操作规程初稿的审核。

⑤经审定的作物杂交制种技术操作规程，印制成册，发放给有关人员学习，熟练掌握，以便按技术操作规程，灵活运用技术措施，达到规定的杂交制种产量和品质指标。

(二)作物杂交制种技术操作规程的格式

1.前言

包括制订规程的目的、制订单位、起草人、起草时间等。

2.范围

本规程适用于××杂交种生产,本规程规定了杂交种种子的生产方法和田间纯度检查等内容。

3.根据杂交制种生产实际,制订操作的先后顺序和技术措施

技术措施包括种子准备技术、种植安排技术、整地施肥技术、规格播种技术、病虫害防治技术、防杂保纯技术、去杂去劣技术及收获技术等。由于不同繁育作物的特征特性不同,所以作物杂交种生产技术的具体内容也不尽相同。如玉米杂交种生产技术:

(1)自交系良种的生产

①定点。自交系良种的生产,应做到每系至少由两个基点同时进行生产。

②选地、隔离。地块必须平坦,地力均匀,土层深厚,土质肥沃,灌排方便,稳产保收。原种生产田采用空间隔离时,与其他玉米花粉来源地至少相距500 m。

③播种。应做到精细播种,努力提高繁殖系数。

④去杂。在苗期、雄穗散粉前和脱粒前至少进行三次去杂(应附田间纯度要求)。

(2)生产用杂交种的配制

①定点。生产用杂交种的配制,应选择条件适宜的单位,建立制种基地,并保持相对稳定。

②选地。制种地块应土地肥沃、旱涝保收,尽可能做到根据需种量集中连片。

③隔离。采用空间隔离时,与其他玉米花粉来源地相距至少300 m,甜、糯玉米和白玉米在400 m以上;采用时间隔离时,春玉米区制种田与其他玉米花粉来源地玉米播种错期应在40 d以上,夏玉米应在30 d以上。

④播种。按照育种者的说明并结合当地实践经验进行播种,播种前要进行精选、晒种,特别要注意错期、行比、密度的设置。错期要保证父母本花期相遇良好;行比要根据有利于提高制种产量、保证父本有足够的花粉供应母本和方便田间作业而定。对父本行做好标记。

⑤去杂。凡异常的父母本植株均应在散粉前拔除干净(应附田间纯度要求)。

⑥去雄。母本行的全部雄穗在散粉前及时、干净、彻底拔除,坚持每天至少去雄一遍,风雨无阻,采取带1～2叶摸苞去雄的办法。拔除的雄穗埋入地下或带出制种田妥善处理。

⑦人工辅助授粉。为保证制种田授粉良好，应根据情况进行人工辅助授粉，特别要注意开花初期和末期的人工辅助授粉工作，授粉结束后，要将父本全部砍除。

⑧收贮。杂交种的收获，要严防混杂，剔除杂穗，单独收贮，包装物内外各加标签。种子品质达到标准（列出标准）。

(3)田间纯度检验

①抽雄前、开花期、收获时、脱粒前进行检验。

②检验结果的处理、检验定级。每次检验，都应将检验情况详细记录。

四、训练步骤方法

(1)安全分析　给出当地某一作物杂交种双亲特征特性资料，要具体到能在各期去杂、去劣中作为鉴别标准，能为确定播期和花期预测提供双亲的叶片数及生育期等具体数字。

(2)制定操作规程　学生根据掌握的资料，每人制订出一份该组合在当地的杂交制种技术操作规程。

①按正规格式写作。针对本组合及本人所在地的具体情况，以种子公司的名义写。

②用词简练。该技术操作规程的读者是各制种专业户，各项措施的数字要具体、实用、可操作性强。在多种措施中只选用当地最实用的一种。

(3)技术操作规程讨论与修改　学生分别自由发言，介绍自己制订的技术操作规程，其他学生提出修改意见。指导教师总结，提出共性问题，然后学生再次分别修改自己制定的技术操作规程。

五、考核标准及配分

本技能满分 100 分，要求达到 80 分以上。

①技术操作规程格式正确。　20 分

②内容全面，符合实际，操作性强。　60 分

③字迹工整，语言流畅，用词准确。　20 分

六、作业

制定某一作物杂交制种技术操作规程。

综合训练三十一 杂交制种田的播种技术

一、训练目的

掌握作物杂交制种田的播种技术;掌握父母本行比、调节父母本播期和提高播种质量等措施。

二、训练场所、用具及材料

(1)训练场所 校内外实训基地的作物杂交制种田。

(2)用具及材料 播种机具或人工播种工具,玉米、高粱等杂交制种田亲本的种子,大豆等标记作物种子,化肥等。

三、训练内容

规格播种是保证杂交制种成功和提高制种产量的一个重要环节。制种田播种时做到严要求,高标准,工作细致,保证一次全苗。

(一)玉米杂交制种田的播种技术

(1)精细整地,配方施肥 亲本种子一般顶土能力弱、出苗慢、苗期生长势差,因此播前要精细整地,做到地平土碎墒足。结合整地,一般施优质腐熟农家肥 45 000～60 000 kg/hm^2,磷酸二铵 150～225 kg/hm^2 或一次性施入玉米专用复合肥 750～900 kg/hm^2 作基肥。地膜覆盖栽培时有机肥用量可增加 30%～50%。

(2)精选种子 将混杂粒、秕粒、病虫粒、破碎粒、霉粒及小粒种子全部剔除,以保证种子净度、纯度。

(3)种子处理

①晒种。由于玉米种子贮藏了一冬天,易受各种杂菌侵染。所以,播种前10～15 d,选晴天晒种 2～3 d,要勤翻动。晒种能促进种子内酶的活性增强,使种子播后萌发快,提高发芽势,使田间出苗整齐。

②种子包衣。亲本种子应用包衣剂或高效、低毒药剂处理,可提高种子活力,防治病虫害,保证苗齐、苗壮,促进玉米生长发育,为去杂抽雄打好基础。如用天津北方种衣剂厂生产的 19 号种衣剂以 1∶60 药种比例,采用机械或人工包衣方法进行种子包衣。

(4)调节父母本播种期 根据制种基地气候特点及玉米亲本种子特性等具体情况来确定播期。一般当 5～10 cm 地温稳定在 10～12℃可裸地播种春玉米;在覆膜条件下，子粒较小或角质胚乳较多的亲本，可在地温稳定在 8℃以上播种；而子粒较大或粉质胚乳多的亲本，在地温稳定在 10℃以上时播种。

为使生育期不同的父母本，特别是那些花期短的组合，花期良好相遇，一定要注意调节父母本的播期。制种区父母本花期能否相遇，是杂交制种成败的关键。玉米制种最理想的花期相遇是母本吐丝盛期比父本散粉盛期早 2～3 d。

①用双亲的生育期确定播期。若母本吐丝期比父本散粉期早 2～3 d，则采用同期播种；若父母本的抽穗期相同，则父本晚播种 3～4 d，或将母本浸种 8～10 h 后与父本同期播种；若父母本的花期相差 5 d 以上，就必须调节播种期。调节播种期的天数因杂交组合、播期早晚、气候、土壤墒情等条件而不同。调节播期要注意以下四点：一是将母本安排在最适宜的播期内，然后调节父本的播期。二是“宁可母本等父本，不让父本等母本”。这是因为玉米花丝的生活力一般可维持 10～15 d，但以吐丝后 2～5 d 授粉结实率最高；而雄穗散粉的延续期较短，花粉的生活力在温度 28.6～30℃和相对湿度 65%～81%的田间条件下，一般能保持 6 h 左右，因此要使母本吐丝比父本散粉早。三是父母本花期相差的天数不等于两个亲本播种期相差的天数。这是由于春播时，早播的亲本播后由于气温低而生长慢，所以错期的天数应比花期相差的天数多。根据经验，一般开花期晚的亲本所需要提前播种的天数，春播是父母本花期相差天数的 1.5～2 倍，夏播是 1～1.5 倍。四是在实践中，应按照育种者的说明，并结合当地实践经验进行错期播种。

②用双亲的总叶片数确定播期。调节的原则是在生育期间母本比父本领先 1～2 片叶。因此，若母本比父本的总叶片数少 1～2 片，则父母本同期播种；若父母的总叶片数相同，则先播母本，或将母本浸种 8～10 h 后与父本同期播种。

(5)父本分期播种　提高授粉结实率是杂交制种高产的关键。为确保玉米制种花粉充足，延长授粉时间，父本应分 2～3 期播种，一般以一期父本为主，二三期为辅。通常的做法是，在同一父本行上，采用分段播种的办法，即在一期父本播后，每隔 5～7 d 在父本行内隔 2～3 m 再种一穴父本。也可将父本种子分 3 份，1 份浸种催芽，1 份不作处理，然后 2 份种子混合同期播种，第三份种子再晚播 5～7 d，从而延长父本的散粉期，使整个母本吐丝期都有父本花粉可供利用。在制种区四周或地头还可种植父本采粉区，以备一旦花期相遇不好，作为人工辅助授粉的采粉用株。但采粉区的父本要晚播 5～7 d。

(6)确定合理的父母本行比　父母本行比因具体的杂交组合、制种田的肥水条件状况、授粉时气候特点、父本的株高以及花粉量大小和散粉期的长短等不同而不同。确定父母本行比的原则是，在保证父本花粉量充足的前提下，尽量增加母本行数，以提高杂交种子产量。目前多数玉米杂交组合采用的父母本行比在 1∶(4～6)。

(7)合理密植　由于玉米自交系长势弱,单株生产潜力低,因此,只有合理密植充分发挥群体的生产潜力,才能提高制种产量。根据亲本特性、土壤肥力及栽培水平等,因地制宜确定种植密度,肥地宜密,薄地宜稀。密度一般为 67 500～82 500 株/hm^2,早熟或紧凑的为 75 000～90 000 株/hm^2。

(8)种植行向　最好与当地玉米散粉时的风向相垂直,以利于借助风力传粉,提高制种产量。

(9)播深适宜,深浅一致　由于玉米亲本一般芽鞘软,播种不宜过深,掌握在 3～5 cm,黏土地可浅,沙土地可适当深。

(10)播种后及时镇压保墒

(二)高粱杂交制种田的播种技术

高粱杂交种是由母本不育系和父本恢复系杂交而成的,其播种技术要点是:

(1)播种前准备　选择发芽率 80%以上、生活力强的不育系和恢复系种子作为制种亲本。播种前将不育系和恢复系种子晾晒 1～2 d,以提高发芽率和出苗率。然后药剂拌种或包衣,以防治病虫害。

(2)选地　制种田应选择地势平坦、肥力较好、地力均匀、能排能灌、旱涝保收的地块,忌重茬。

(3)适时播种　5 cm 地温稳定通过 12℃时开始播种。要根据所配组合调节花期,母本一次播完,父本分期播种。

(4)行比　根据父母本植株高低和父本花粉量多少决定父母本种植行比。一般父母本行比为 2∶10 或 2∶12 及 1∶5 或 1∶6。

(5)种植密度　根据土壤肥力和亲本株型、株高等特性,合理确定密度,高粱制种田,母本植株一般矮小,保苗应在 120 000～150 000 株/hm^2 为宜;父本较高大,一般保苗 97 500～105 000 株/hm^2。

(6)播深适宜,深浅一致　播深一般在 3～4 cm。

四、训练步骤方法

(1)确定制种田亲本行比　在保证父本花粉量充足的前提下,适当增加母本行数。

(2)播前准备　在精细整地、施足基肥的基础上,根据作物杂交组合的情况和亲本行比,备足亲本种子,并做好种子处理。

(3)调节播期　父母本同期或错期播种,父本分期播种。

(4)严格分清父母本行　若父母本同期播种,要有专人负责播种,根据行比,确定父母本行后,在播种前先检查种子袋标签,将父母本种子分别落实到行,严防播错种子；若父母本错期播种，则在先播的亲本行的两端插上标记，以避免重播、漏播。

(5)播种　采用播种机播种或人工播种，按规定行距开沟，要求深浅一致，行向正直，不可交叉。按规定密度播种父母本，并在父本的行头和行内种大豆等标记作物，避免在管理、去杂（玉米去雄）、收获时发生差错。

(6)记录　播种后应分别记载播种期、父母本名称及行比等。

五、考核标准及配分

本技能满分100分，要求达到90分以上。

①亲本播种期合理。　20分

②合理确定亲本行比。　20分

③在规定的时间内保质、保量完成播种任务。　50分

④出苗后检查出苗情况。　10分

六、作业

总结杂交制种田规格播种与提高杂交制种播种质量的经验教训。

综合训练三十二　杂交作物制种田花期预测及调节

一、训练目的

掌握杂交作物制种田的花期预测技术及花期不遇的调节措施。

二、训练场所、用具及材料

(1)训练场所　校内外实训基地的杂交作物制种田。

(2)用具及材料　红油漆、放大镜、解剖镜、水田靴、剪刀、化肥、生长调节剂、铁锹等。

三、训练内容

在杂交制种中，虽然在播种时采取了错期播种的措施，但由于不同年份间环境条件的差异，或栽培管理的不当，或者外引的亲本因地理环境条件的改变等原因，都可能导致花期不遇。父母本的花期能否相遇良好，是制种成败的关键。因此，在出苗后至开花前要多次进行花期预测，掌握双亲的生长发育动态，判断花期是否相

遇，以便及时做好调节工作。

玉米杂交制种田花期预测和调节

(1)玉米杂交制种田花期预测　玉米花期相遇的标准是指母本的吐丝期与父本的散粉期相遇。如果母本吐丝盛期比父本散粉盛期早 2～3 d，则是最理想的花期相遇。玉米花期预测的方法有：

①叶片比较法。一般情况下，一个自交系的叶片数是比较稳定的，而叶片的生长速度又有一定的规律性。在已知两亲本的总叶片数的情况下，可根据双亲已长出叶片数的多少预测花期是否相遇。该法花期相遇的标准是：在生育期间母本比父本早发育 1～2 片叶。具体做法是：在制种田中选择有代表性的地段 3～5 点，每点选代表性父母本植株 10～20 株。从苗期开始，随着植株的生长，在第 5，10，15 片叶上，分别用红漆标记，定期检查父母本已经出现的叶片数，预测双亲花期是否相遇。

②剥叶检查法。在不知双亲各自的总叶片数时，可采用比较双亲未长出叶的剥叶检查法。该法花期相遇的标准是：生育期间母本的未长出叶比父本的少 1～2 片叶。具体做法是：在拔节后，选有代表性的双亲植株，小心剥出未长出的叶片，根据双亲的未长出叶片数来预测花期能否相遇。如果未长出叶母本比父本的少 1～2 片叶，则花期相遇良好；如果两亲本未长出叶片数相同或母本比父本多，说明母本晚了，就应及时采取促进母本或控制父本的措施进行调节，使双亲花期相遇。

③镜检雄幼穗法。玉米雄穗的分化与形成，是个连续发育变化的过程，根据变化过程中的形态特征可分为生长锥未伸长期、生长锥伸长期、小穗分化期、小花分化期和性器官发育形成期五个时期(表 32-1)。镜检雄幼穗法在亲本拔节到抽雄前夕的一段时间内可弥补叶片比较法的不足。做法是：玉米拔节后，选有代表性的父母本植株 10～20 株，细心剥开外部叶片，观察雄穗分化情况。该法花期相遇的标准是：生育期间母本雄穗的发育早于父本一个时期。

在生产实践中，最好把以上几种方法和双亲的开花、吐丝习性结合起来综合应用，以便准确做好花期预测。

(2)玉米杂交制种田花期调节　经花期预测，如果发现父母本花期可能不遇，应及时采取措施进行调节。玉米花期调节原则是：在时间上以“早”为好，在措施上以“促”为主；在尺度上以“宁可母本等父本，不让父本等母本”为原则，力争制种田早熟、早收。

表 32-1　玉米雄穗分化各期主要形态特征

雄穗分化时期	各时期主要形态特征
生长锥未伸长期	茎顶端生长锥呈表面光滑的圆形突起,宽大于高
生长锥伸长期	茎顶端生长锥由半球状明显伸长呈圆锥体,长度大于宽度。上部光滑,中部和基部出现棱状突起,中部开始分节,以后形成穗节片
小穗分化期	生长锥基部出现分枝原基,中部出现小穗原基,以后每个小穗原基又分化形成两个小穗,大的一个小穗位于上方,小的位于下方
小花分化期	每个小穗又分化出两个小花,小花进一步分化出雄蕊和雌蕊原始体
性器官形成期	雌蕊退化,雄蕊迅速生长并形成花药,花粉母细胞进行减数分裂,形成四分体,随后形成花粉粒,内容物逐渐充实。植株进入孕穗期

①苗期调节。在该段时间内,一般采取"谁慢促谁,谁快控谁"的原则,对生长快的亲本采用迟间苗、留小苗、不追肥、不松土等措施,以控制其生长;对生长慢的亲本采取早间苗、留中大苗(纯正的亲本而不是优势株)、追偏肥(如用5%的碳酸氢铵水灌根)及增加铲趟次数等促进措施,以加快其生育进程。

②拔节期调节。对发育慢的亲本增施磷、钾肥或喷"九二〇"等生长促进剂,加快营养生长向生殖生长的转化,加速发育进程。如可用2%的尿素和1%的磷酸二氢钾混合液叶面喷施。对于生长快的亲本可进行深中耕,断其部分根系,延缓其生长发育。

③孕穗期调节。若发现某一亲本发育滞后,可用1%磷酸二氢钾溶液或生长调节剂(如"九二〇"、叶面宝等)进行叶面喷施,一般可提前2～3 d抽穗。若预测母本花期晚于父本,母本可带1～2片顶叶摸苞去雄,一般可促其早吐丝2～3 d。若发现母本花期早于父本,可适当推迟母本的去雄时间(但必须在母本吐丝前完成去雄工作),以延缓母本雌穗的生长。

④开花授粉期调节。这一时期如果发现父本已散粉,而母本雌穗苞叶过长、过紧,难以吐丝,应及时剪短苞叶。做法是用手捏苞叶上部有松软感,苞叶出叶鞘10～12 cm,用剪刀剪苞叶至可见花丝,这样可提早2～3 d吐丝。如果发现母本花丝吐出较长,而父本刚开始散粉,应及时剪短母本花丝,避免花丝过长而相互遮盖,影响授粉结实。散粉期如遇高温、干旱等不良的气候条件下,可以人工辅助授粉,一般在父本开花盛期进行3～4次,以促进授粉,提高结实率。

总之,花期预测和调节,是玉米杂交制种最为关键的技术环节,只有把这项工作做好,才能获得高产,取得较高经济效益。

四、训练步骤方法

(1)了解繁育材料的遗传特点　可以由教师提供资料,学生自己学习并掌握。

(2)田间设立观察点并作叶片标记　可以分小组分别在田间设点,定期调查,做好叶片标记。

(3)镜检幼穗　最好由教师组织定期进行观察采集幼穗,统一到实验室观察。

(4)对父母本的花期是否相遇作出正确预测,提出有效的调节措施　根据调查结果,学生自己判断花期相遇情况并提出对策,教师进行总结。

五、考核标准及配分

本技能满分100分,要求达到90分以上。

①田间选点正确,调查及时。　30分

②杂交作物制种田花期预测准确。　40分

③花期不遇的调节措施得当。　30分

六、作业

针对某一杂交作物制种田,写出花期预测方法,并提出花期不遇的调节措施。

综合训练三十三　作物制种田隔离区调查

一、训练目的

了解当地主要作物制种田的隔离方法、存在的主要问题和采取的对策。

二、训练场所、用具及材料

(1)训练场所　校内外实训基地的作物制种田。

(2)用具及材料　米尺、记录本、风向风速仪、湿度计等。

三、训练内容

种子生产时,对于容易发生天然杂交的异花、常异花授粉作物,如玉米、高粱、向日葵、油菜等,必须采取严格的隔离措施。自花授粉作物,如大豆、小麦等,也要进行隔离。安全的隔离条件是抓好作物制种质量的基础,因此,作物制种都必须要在隔离区内进行。所谓隔离区,即在制种地块周围,在一定的时间和空间内,没有其他同作物的花粉,以避免因风力或昆虫传粉造成生物学混杂。解决隔离的方法很多,除了人工套袋、人工设置网纱、温室等机械隔离生产少量原种种子外,大量的种子生产可采用空间隔离、时间隔离、自然屏障隔离和高秆作物隔离等。

(一)空间隔离

就是在种子田四周一定范围内,人为地安排不种植相同作物的其他品种或品系,以防生物学混杂。空间隔离距离应考虑以下几个因素:

(1)作物类型　自交作物的花粉量小,传播的距离较近,而异交作物和常异交作物一般花粉量大且传播的距离相对较远。因此,自交作物的隔离距离较小,而异交作物和常异交作物隔离距离要求相对大。

(2)制种类型　亲本繁殖田比配制杂交种要求隔离距离大(表 33-1)。

(3)传粉时期的风向　在多风地区,特别是隔离区设在下风处或地势低洼处的,应适当加大空间隔离距离。

表 33-1　几种作物制种区空间隔离距离　m

作物及制种类型	空间隔离距离	作物及制种类型	空间隔离距离
玉米自交系	≥500	水稻不育系原种生产	≥700
玉米杂交种	≥300	常规稻、恢复系、保持系	≥20
高粱亲本种子	≥500	水稻杂交制种田	≥100(籼),500(粳)
高粱杂交种	≥300	小麦原种生产	≥100
大豆常规种	≥25	小麦常规种	≥25

(二)自然屏障隔离

利用山岭、树林、村庄、果园、沟壑、水库等自然屏障进行隔离。自然隔离要根据屏障的宽度及风向确定隔离距离。许多地方利用自然屏障隔离来生产原原种和原种,效果很好。

(三)时间隔离

在空间隔离有困难,生育期又可满足要求的条件下,可通过调节播期使制种田作物的花期与周围同类作物生产田的花期错开,避免外来花粉污染。一般春播玉米播期错开 40 d 以上,夏播玉米错开 30 d 以上,水稻不育系播期错开 25 d 以上,水稻杂交制种播期错开 20 d 以上,高粱播期错开 30 d 以上。时间隔离具体要依据当地的温度、光照等自然条件灵活掌握。时间隔离只适于一年多熟制的南方地区,北方一年一熟制地区不宜采用。

(四)高秆作物隔离

在采用上述隔离方法有困难时,可考虑在需要隔离的田块周围一定范围内种植其他高秆作物。选用高秆作物作屏障隔离时，高秆作物要适当早播，种植密度要大，且行数不宜太少，种植距离要达要求，并注意加强管理，使其株高能超过需要隔离的作物的高度。在玉米制种田周围种植高粱、黄麻、向日葵等，自交系繁殖区需种植高秆作物宽度不少于 150 m，杂交制种区要在 80 m 以上，并且要求高秆作物高度在 2 m 以上；高粱制种田利用高秆作物隔离宽度要在 200 m 以上；杂交水稻制种利用高秆作物进行隔离，高秆作物的宽度不应小于 15 m。

四、训练步骤方法

(1)调查当地作物制种类型、品种及隔离方法　组织学生到制种区实地参观，尤其到大型种子公司的制种基地参观，增强学生感性认识。

(2)测定并判断隔离区设置的合理性　调查隔离方法是否达到制种的要求，如空间隔离的水平距离，时间隔离播种错期天数，自然屏障隔离屏障的宽度，高秆作物隔离时高秆作物种植宽度等。

(3)撰写制种隔离区调查报告　以个人为单位对所调查的制种情况进行汇总，写出调查报告。

(4)分析存在的问题及提出改进措施　总结分析当地制种存在的主要问题并提出改进措施，最后由教师总结。

五、考核标准及配分

本技能满分 100 分，要求达到 85 分以上。

①调查方法、内容、过程全面科学。　30 分

②隔离区调查报告翔实。　30 分

③分析透彻具体，措施得当。　40 分

六、作业

写一份某作物的制种隔离方案。

综合训练三十四　作物制种田间去杂、去劣

一、训练目的

学会识别作物制种田的杂株、劣株；掌握去杂、去劣的时期和方法。

二、训练场所、用具及材料

(1)训练场所　玉米、小麦、水稻、高粱、大豆等作物的制种田。

(2)用具及材料　镰刀、铁锹、布袋等。

三、训练内容

种子繁殖田必须严格去杂、去劣。去杂、去劣是制种工作中保证品种纯度的有效措施。杂株、劣株是指不具备本品种典型性状的植株和生产状况不好的弱株、病株。去杂是指去掉混杂苗、杂种苗、怀疑苗、异作物植株及杂草等;去劣是指去掉感染病虫害、生长不良的植株,如白苗、花苗、黄苗等。去杂、去劣必须熟悉本品种的特征特性,重点抓住与其他品种容易区分的主要性状,在品种的特征特性表现最明显、最充分的时期,分几次进行,并做到及时、从严、干净、彻底。最好是背着阳光,认真细心地检查,不要遗漏。拔除的杂株、劣株应随时带出种子田另作处理。

(一)玉米种子田去杂、去劣

(1)玉米自交系原种繁殖田去杂、去劣　凡不符合原自交系典型性状的植株(穗)均为杂株(穗)。应在苗期、散粉前和脱粒前至少进行三次去杂。原种生产田中性状不良或混杂的植株最迟在雄穗散粉前全部淘汰。从植株抽出花丝起,不允许有杂株散粉,可疑株率不得超过0.01%;收获后应对果穗进行严格检查,杂穗率不得超过0.01%。

(2)玉米自交系良种繁殖田去杂、去劣　在苗期、雄穗散粉前和脱粒前至少进行3次。全部杂株最迟在散粉前拔除,散粉杂株率累计超过0.1%的繁殖田,所产种子报废;收获后要对果穗进行纯度检查,杂穗率超过0.1%的,种子报废。

(3)玉米杂交制种田去杂、去劣　一般分四次进行。第一次结合间定苗,根据苗的长势、长相、叶色、叶形、叶鞘色、叶缘波曲大小等,去掉异型苗、异色苗、大苗、劣苗,母本定苗时掌握“去大去小留中苗”的原则,留下均匀一致的典型苗。父本定苗可留具有本品种典型性状的大、中、小苗,以延长父本散粉期,提高制种产量。第二次在拔节后,根据叶色、叶形、株高、株型及叶片宽窄等,做到“四去一留”,即彻底去掉优势株、弱小株、异色株和杂色株,保留具有典型性状的植株。第三次在散粉前去杂,这是去杂较难的一关,尤其对父本行要认真观察去杂,因为父本杂株对种子纯度影响很大,父本杂株一旦散粉,损失无法挽回。俗话说“母本杂,杂一株;父本杂,杂一片”。去杂时,对照标准株,根据株高、株型、叶缘、叶形、叶色、叶片大小、叶片宽窄、雄穗形状及分枝多少、护颖颜色等来鉴别,对父母本彻底、及时去杂。父本杂株必须在散粉之前拔除,确保整个制种田父本杂株率不超过0.1%。母本杂株在去雄前完全拔除，确保整个制种田母本杂株率不超过 0.2%。第四次在收获时，根据穗形、粒形、粒色和穗轴色等鉴别，去除杂穗及不能做种用的、有病的和成熟不好的果穗。生产用一级杂交种杂穗率不大于 1.0%，二级杂交种杂穗率不大于 1.5%。

(二)水稻种子田去杂、去劣

常规水稻、杂交水稻种子生产田及三系繁殖田中都要及时去杂、去劣。一般在苗期、始穗期、抽穗扬花期和成熟期分 4 次进行。苗期根据苗高、叶形、叶缘颜色及分蘖强弱等去杂。始穗期根据抽穗早晚、花药颜色等去杂、去劣。抽穗扬花期根据株高、长相和颜色等，鉴别混入的异品种植株。成熟期根据成熟早晚、株高、剑叶长短、宽窄和着生角度、穗形、谷粒形状和大小、颖壳和颖尖颜色、芒的有无及长短和颜色等性状，鉴别并拔除异作物、异品种及感病植株。

三系水稻制种中，不育系和保持系植株只有在花期才能辨别出来。两者的主要区别在于，保持系杂株一般比不育系早抽穗 1～2 d，不包颈，颈节细长，而不育系多包颈；散粉前保持系的花药肥大呈黄色，而不育系的花药瘦瘪呈白色。根据这些特征，于早晨在父本开花前，到制种田认真鉴别，将不育系行中的保持系杂株连根拔除。成熟期也可以根据杂株的结实率往往明显高于不育系的特点去掉杂株。

(三)小麦种子田去杂、去劣

应在苗期、抽穗期、成熟期分 3 次进行田间检查，严格去杂、去劣。一般以成熟期为主，根据成熟早晚、株高、茎色、穗形、壳色、小穗紧密度、芒的有无与长短等性状，鉴别并拔除异作物、异品种以及发育不良和感病的植株。

(四)高粱种子田去杂、去劣

(1)亲本种子繁殖田去杂、去劣　在苗期、拔节后和开花前，分期将杂、病、劣株和怀疑株全部拔除。开花前一旦发现杂株，及时拔除，就地处理。花期鉴定时，杂株和怀疑株散粉株率的总和，原种田不得超过 0.03%，原种一代不得超过 0.05%，原种二代不得超过 0.2%。

(2)高粱杂交制种田去杂、去劣　父母本都要严格去杂、去劣，分三期进行。苗期根据叶鞘颜色、叶色及分蘖能力等主要特征，将不具备原亲本性状的植株全部拔掉。拔节后根据株高、叶形、叶色、叶脉颜色以及有无蜡质等主要性状，将杂、劣、病株和可疑株连根拔除，以防再生。开花前根据株型、叶脉颜色、穗形、颖色等主要性状去杂，特别要注意及时拔除混进不育系行里的矮杂株。一般可通过看、摸、挤来判断制种田里不育系行中的保持系杂株，凡是穗子的颖壳深绿而有光泽者，手摸时颖壳较硬发扎，多是保持系杂株；如果仍判断不出时，可用手挤开颖壳看花药的特征，散粉前具有黄绿色饱满花药者为保持系杂株，具有灰白色瘦瘪花药者则为不育系植株。花期鉴定时，父母本分别计算，制种田一级种子的杂株率不得超过1%，二级种子的杂株率不得超过2%。

（五）大豆种子田去杂、去劣

在苗期、花期、成熟期要根据品种典型性状，严格拔除杂株、病株、劣株。苗期根据幼苗长相、幼茎颜色，花期根据叶形、花色、叶色、茸毛色等，成熟期根据成熟早晚、株高、株型、结荚习性、荚型、荚色、茸毛色、叶形等性状，鉴别并拔除异作物、异品种及感病植株。

四、训练步骤方法

（1）熟悉所繁育材料的主要典型性状　结合当地实际，教师提供繁育材料资料和典型株标本，学生掌握其典型特征特性。

（2）根据繁育材料确定去杂去劣的时期　结合当地具体情况及所繁育材料特点，确定作物制种田间去杂、去劣的时期。

（3）分析识别杂株、劣株的主要特征特性　提供杂株、劣株的标本，请学生识别。

（4）及时、彻底拔除并处理杂株、劣株　每个学生分一定面积的某一作物制种田，在田间从根部彻底拔除杂株、劣株，不能有残留，并按要求带出田外销毁或就地掩埋处理。

五、考核标准及配分

本技能满分100分，要求达到90分以上。

①准确识别各作物不同时期的杂株、劣株。　40分

②确定去杂、去劣的时期及时。　20分

③去杂、去劣质量高。　20分

④杂株、劣株处理得当。　20分

六、作业

针对当地某一作物的制种田，总结去杂、去劣的经验教训。

综合训练三十五　玉米制种田母本去雄

一、训练目的

掌握玉米制种田母本去雄的时间、标准和方法。

二、训练场所、用具及材料

(1)训练场所　校内外实训基地的玉米制种田。

(2)用具及材料　铁锹、镰刀等。

三、训练内容

玉米制种田母本去雄是杂交制种的中心环节,是获得高品质杂交种子的重要手段。母本去雄时间性强,稍有疏忽就会影响到种子的品质,因此,去雄要做到及时、彻底、干净。

(一)去雄时期

去雄要及时,就是指一定要在散粉前将母本雄穗拔除,使其雌蕊柱头接受父本的花粉以产生杂交种子。

(二)去雄方法

由于有些母本自交系,特别是紧凑型自交系或遇到干旱等不良环境条件,雄穗刚露出顶叶或在顶叶内就开始散粉。因此,目前玉米杂交制种田普遍采取摸苞去雄方法,即在母本雄穗还没有发育成熟时就摸苞带1～2片顶叶,拔掉雄穗。摸苞去雄可以杜绝母本散粉自交,确保种子纯度;减少去雄的次数,节省劳力和工时,降低成本;减少水分、养分的损失,有利于增产;特别是母本偏晚的制种田,摸苞带叶去雄可使母本提前2～3 d吐丝,保证父母本花期相遇,提高制种产量。但是,如果经预测,发现母本花期早于父本,可能花期不遇时,可适当推迟母本的去雄时间(但必须在散粉前拔除),以延缓母本雌穗的生长。

(三)去雄要求

去雄要彻底干净,彻底是指制种区内所有母本的雄穗一株不漏地全部拔除;干净是指拔除母本的整个雄穗,不残留雄穗一个分枝。

每个制种区最好分别有专人负责去雄工作。制种区散粉期间,要严格封闭区内一切人行小道,参加去雄人员在进入制种区前,不要经过其他玉米地,避免带入异源花粉。去雄要做到风雨无阻,每天至少一次下地,要逐行、逐株彻底拔除。拔除的雄穗要埋入地下或装入袋中带出制种区妥善处理，以免其开花散粉而造成混杂。在最后只剩下约 5% 的母本尚未去雄时，一次拔完，以免遗漏和拖延去雄时间。在抽雄末期进行一次清垄，将遗留的弱小株彻底清除，杜绝后患。同时组织力量进行检查，在任何一次检查中，发现一株母本散粉株（植株上的花药外露的花在 10 个以上时即为散粉株），方圆 2～3 m 内的母本植株要全部砍掉。在整个去雄过程中，母本散粉株率累计不得超过 1%，否则整个制种区就要报废。这是由于母本散粉产生自交株，其形态特征与所配组合相同，当代难以鉴别和清除，其大田应用，无杂种优势，对产量影响极大，减产幅度居各类杂株之首。

四、训练步骤方法

①做好田间调查，根据母本的特性确定去雄时间。

②老师示范操作，对学生进行实际操作培训。

③每人负责一定田块，针对要求进行去雄。

④检查去雄结果，并对存在问题采取解决措施。

五、考核标准及配分

本技能满分 100 分，要求达到 90 分以上。

①去雄时间掌握恰当。　10 分

②去雄质量高，母本散粉株率不超过标准。　60 分

③处理母本散粉株及拔除的雄穗得当。　20 分

④清理田间并检查。　10 分

六、作业

总结玉米制种田母本去雄的技术要点。

综合训练三十六　种子收获

一、训练目的

掌握不同作物种子收获适期和收获技术，种子收获与正常作物收获的区别。

二、训练场所、用具及材料

(1)训练场所　实训基地的作物种子田。

(2)用具及材料　收获机械、袋子、镰刀等。

三、训练内容

种子成熟后，适时、及早收获，对种子产量和品质都有良好的作用。收获过早，种子成熟度差，瘦瘪粒多，产量低，品质差，不耐贮藏；收获过迟，呼吸作用消耗物质多，往往还由于气候条件不适，如阴雨、干旱、低温等引起种子发芽、霉变、落粒、发芽率下降等现象发生，降低种子产量、品质和耐贮藏性。因此，种子必须在霜前适时早收。这样，还可使种子有充足时间进行及时晾晒、脱粒，保证在结冻前种子含水量降至安全贮藏水分以下。

(一)种子的收获时期的确定

(1)小麦　小麦的收获适期在蜡熟末期至完熟初期，此期植株特征为：上部叶片变黄，但未干枯；茎秆金黄色，颖壳及穗下节间大部转黄，局部微绿；80%以上的子粒呈黄色，胚乳稠蜡状，用指甲可压扁，但无浆液，此时应及时收获。

(2)水稻　水稻的收获适期在蜡熟末期，此时植株茎叶带绿色，穗枝梗呈黄色，谷粒 90%变金黄色，标志水稻可以适时收获。

(3)玉米　玉米制种要严格把握收获关，在母本蜡熟末期，当果穗苞叶变黄，种皮光滑，子粒变硬，呈现本品种固有的特征特性，出现黑层，说明已经成熟，可及时收获。

(4)大豆　大豆的收获适期一般在黄熟末期进行。此时，叶片枯黄，大部分脱落，茎秆仍有韧性，豆荚、子粒呈现品种固有颜色，摇动植株，豆荚沙沙作响，表示大豆成熟，应及时收获。

(5)花生　花生植株上部叶片变黄，荚壳变硬，内膜呈黑褐色，种皮呈现本品种固有的特征特性时，可以收获。

(二)种子的收获方法

种子田收获时，一定要严防品种混杂，防止种皮损伤，发热，同时做到“五分”，即分收、分运、分脱、分晒、分贮。杂交种种子收获应父母本分别收获，一般先收父本，再收母本，并挑出杂穗(株)，正确标记种子的名称。目前，玉米杂交制种中，要求授粉结束后，将父本全部砍除，一是可避免混杂，保证种子纯度；二是改善田间通风透光条件，减少母本的空秆率；三是可以降低田间湿度，减少纹枯病、大斑病、小斑病等病害的发生。种子收获的方法有人工收获、人机结合收获和机械收获。

(1)人工收获　目前，我国大部分地区种子田以人工收获为主。玉米采用站秆人工掰穗，也可以把茎干割倒、放铺，然后按铺掰穗。东北玉米种子生产关键环节是降低种子水分，保证种子安全越冬，因此，在收获时采用站秆扒皮技术和高茬晾晒方法降水，效果较好。站秆扒皮在玉米种子蜡熟初期进行，将玉米苞叶扒开，使果穗暴露在空气中，尤其适合于那些生育期偏长，活秆成熟和子粒脱水慢的组合。种子成熟后及时收获，去除杂穗和成熟度差的果穗，然后将果穗装栈子风干。高茬晾晒具体做法是先收父本，将父本从地上 30 cm 处割断，母本从地面割倒后，掰穗绑挂，2～4 个一串，挂在父本行的高茬上进行风干。当种子水分降到 18%以下时开始脱粒。

高粱收获时先把父本收获干净彻底后，再把母本茎干割倒、放铺，然后人工扦穗。水稻矮茬收割，整齐均匀放小铺子，人工捆小捆，马上晾晒。大豆人工收获应在午前植株含水量高、不易炸荚时收获，收割后晾晒几天再脱粒。

(2)人机结合收获　水稻、小麦收获采用机械收割，人工捆运到晒场、机械脱粒的方式。玉米果穗人工运到晒场、机械脱粒的方式。

(3)机械收获　用联合收割机收获时，要尽量减少子粒的破损，提高清洁率。收获禾谷类作物留茬高度以 10～15 cm 为宜，大豆的留茬高度以不丢底荚为准。

四、训练步骤方法

(1)鉴定作物种子的成熟时期，确定收获适期

(2)根据作物特点确定收获方法　人工收获要根据不同作物选用相应的收获方法和收获工具，收获时严格按要求进行，防止人为混杂。

(3)完成一定面积的种子田收获任务　杂交制种作物先收父本或处理掉父本后，再收母本，必须分收、分放，并正确标记种子的名称，严防父母本混杂，严防与其他品种、作物混杂。常规作物制种田作物收获时可先去一遍杂后再收获。

五、考核标准及配分

本技能满分 100 分，要求达到 90 分以上。

①收获适期及时。　20 分

②收获方法准确。　20 分

③收获质量高。　60 分

六、作业

针对具体的作物种子田，总结种子收获技术要点。

综合训练三十七 种子贮藏技术

一、训练目的

了解种子贮藏原理；掌握种子贮藏技术措施，不同作物种子贮藏异同点；能够对作物种子正确贮藏。

二、训练场所、用具及材料

(1)训练场所 校内、外实训基地种子库。

(2)用具及材料 种子、鼓风机、记录本、温度控制器、曲柄温度计或杆状温度计、测湿仪器、种子检验仪器等。

三、训练内容

种子贮藏是种子生产的最后环节，也是最主要的环节之一。种子是活的有机体，每时每刻都在进行着呼吸作用。种子的呼吸是种子贮藏期间生命活动的集中和具体体现。

(一)影响种子生命活动的因素

(1)种子含水量 种子含水量高，种子内酶的活性增强，呼吸作用增强，种子的寿命短。

(2)温度 温度对种子呼吸有明显的区段性影响：0℃以下时，呼吸受抑制；0～50℃之间，随温度上升呼吸强度增强；超过50℃时呼吸下降。

(3)气体条件 氧气充足时，有氧呼吸为主，呼吸强度高。氧气下降到5%～8%时，呼吸强度减弱；下降至1%时，呼吸很低，以无氧呼吸为主。二氧化碳浓度增加对种子呼吸强度有明显的抑制作用，太高会使种子因窒息而丧失生活力。

(4)种子的特性 一般来说，小粒、瘦瘪、损坏、病虫感染的、受冻的种子、新收获的种子及成熟度差的种子呼吸强度强。

(5)其他因素 许多杀虫剂、杀菌剂都能抑制种子中酶的活性，对种子呼吸有一定抑制作用。

(二)种子安全贮藏技术措施

(1)仓库及有关用具的准备、清理和消毒 仓库全面检查，做到牢固、安全、干净，环境保持清洁，仓用工具进行清理和消毒，彻底清除仓具内嵌着的残留种子和藏匿的害虫，空仓消毒可用敌敌畏、敌百虫或磷化铝等药剂喷洒或熏蒸。

(2)入库前的种子准备　入库种子要达到纯、净、饱、壮、健、干的标准。严格禁止高水分种子入库,以避免和抑制病虫为害,延长种子寿命,降低损耗。对不合格的种子要进行精选、风干和加工,品质合格后方可入库。

(3)合理堆码,严防混杂

①种子堆放原则。种子堆放应本着有利于安全贮藏,充分利用库容,防杂保纯,便于检查、通风、搬运为原则。不同品种、不同级别、不同含水量、受过潮的与未受过潮的、陈种与新种、带病虫的与不带病虫的种子要分别存放。堆垛上要设有标牌,袋装种子内外应有标签,标明作物、品种名称、产地、生产年月、入库纯度、净度、水分、发芽率、等级、袋数或数量等。

②种子堆放方法。种子堆放有散装与包装两种形式。散装适于仓库密闭性能好、种子含水量低、品质一致和质量高的种子,堆高 2～3 m。包装堆放适用于多品种种子,并能防止品种间的混杂。垛形可采用"工"字形、"井"字形、"非"字或半"非"字形等。为便于管理和检查,堆垛时应距离墙壁 0.5 m,垛与垛之间相距 0.6 m 作为操作道。垛高和垛宽根据种子干燥程度和种子状况而增减。含水量较高的种子垛宽越小越好,便于通风,散去种子内的潮气和热量;干燥种子垛宽可以大些。一般垛高不超过 8 袋。垛向应与库房的门窗平行,这样打开门窗时有利于空气流通。

(4)仓库害虫防治及微生物的控制　主要害虫防治方法有:清仓消毒、物理和化学防治。物理防治有低温杀虫即气温降至－5℃,一般适用于北方;高温杀虫即温度在 40～45℃。化学杀虫可用磷化铝或高效马拉硫磷等防治,必须严格遵守操作规程,并做好安全防护工作。为害贮藏种子的微生物主要是真菌中的曲霉和青霉。一般将仓库内温度降低到 8℃、相对湿度控制在 65%以下、种子水分低于 13.5%时,霉菌会受到抑制。

(5)防霉变　种子因受潮、结露和自然吸湿而超过安全水分标准时,必须翻堆、晾晒、通风、烘干至安全水分,以防种子霉烂。

(6)防鼠、雀　仓门设置防鼠板和防雀网。灭鼠采用机械、物理、化学、生物和人工捕打相结合等方法,做到无鼠、无雀、无鼠洞、无雀巢。

(7)合理通风

(8)加强种子贮藏期间的检查　种子贮藏期间要经常检查种子温度、水分、发芽率、虫、鼠、雀、霉烂等,根据检查情况确定具体管理措施。

表 37-1 不同季节温度检查周期

种子水分	夏秋季		冬季种子温度		春季种子温度		
	新收获或未完成后熟种子	已完成后熟种子	0℃以下	0℃以上	低于5℃	5～10℃	10℃以上
安全水分以下	1 d 1 次	3 d 1 次	15 d 1 次	5～7 d 1 次	7～10 d 1 次	5 d 1 次	3 d 1 次
安全水分以上	1 d 1 次	1 d 1 次	7 d 1 次	3 d 1 次	5 d 1 次	3 d 1 次	1 d 1 次

(三)几种主要作物种子贮藏技术

1. 水稻种子的贮藏技术

(1)水稻种子的贮藏特性

①种子堆比较疏松，通气性比较好。

②种子表面粗糙，散落性差，可适当高堆。

③休眠后熟期较短，多数品种的后熟期不超过 1 个月。

④耐热性差，在高水分状态下，日光曝晒或者高温烘干都会发生爆腰现象，严重影响种子的生活力。

⑤稻谷外部有完整的颖壳，可降低米粒的吸湿性，减少病虫为害。

⑥新收获的稻谷生理代谢强度大，呼吸旺盛，在贮藏初期往往不易稳定，容易导致发热甚至霉变。

(2)水稻种子安全贮藏技术要点

①严格控制入库种子水分。安全贮藏水分标准应根据不同品种、温度而定，一般在高温季节稻谷含水量应在 13%以下，而在低温季节可放宽至 14%。

②选择合适的贮藏方式。根据具体情况，大量种子贮藏和长期贮藏，可采用散装；少量种子、品种多采用短期贮藏，可用袋装。

2. 小麦种子的贮藏技术

(1)小麦种子的贮藏特性

①种皮较薄，组织疏松，通透性好，种子中含有大量亲水物质，吸湿性强，容易生虫、霉变。

②具有较强的耐热性，特别是未通过休眠的种子，耐热性更强。

③后熟作用明显，特别是红皮小麦，有的品种后熟期长达 1～3 个月。后熟期长的品种耐贮性差，易吸湿回潮，引起种子发热霉变。

(2)小麦种子贮藏技术要点

①充分干燥。必须严格控制小麦种子入库和贮藏期间的水分，保持种子干燥。

入库水分应掌握在10.5%～11.5%，贮藏水分控制在12%以下，种温不超过25℃，可安全贮藏。

②热进仓杀虫。小麦种子收获后，对于未通过后熟期的种子，选择晴朗高温的天气晒种，当种温升到50℃左右时延续2 h以上。当水分降到12%以下时，于下午3时前聚堆，趁热入仓，散堆压盖，整仓密闭，使种温在44～47℃下保持7～10 d，可使日晒未杀死的害虫全部死亡。然后通风降温，保持正常贮藏温度。

③密闭防湿贮藏。对于贮藏量大的仓库要密闭门窗，包装种子应按规格堆放，散装种子堆上面覆盖经清洁、曝晒消毒处理的草苫或麻袋等物，压盖要平整、严密。

3. 玉米种子的贮藏技术

(1)玉米种子的贮藏特性

①种胚大，呼吸旺盛，容易引起种子堆发热。

②种胚脂肪含量高，吸湿性较强，且易酸败。

③种胚中水分含量高，可溶性物质多，营养丰富，易遭虫霉为害。

④种子容易遭受低温冻害。

⑤玉米穗轴心具有较强的吸湿性，果穗在贮藏间，种子和穗轴水分变化与空气湿度有密切关系，都是随着相对湿度的升降而增减。

(2)玉米种子贮藏技术要点　玉米贮藏有穗藏法和粒藏法，可根据各地气候条件、仓库条件和种子品质而选择采用。刚收获的玉米含水量较高，通常采用通风仓穗藏，以便继续干燥。粒藏种子北方水分一般在13%以下，种温不超过25℃；南方水分在12%以下，种温不超过30℃，可安全过夏。种子水分保持在14%以下，方可安全越冬。

4. 大豆种子的贮藏技术

(1)大豆种子的贮藏特性

①大豆含有大量蛋白质，且种皮薄，吸湿性强。

②耐热性差，在25℃以上时，蛋白质易变性。

③含脂肪较多，导热性差；且脂肪多由不饱和脂肪酸构成，容易酸败。

④破损粒易生霉变质。

(2)大豆种子贮藏技术要点

①带荚曝晒，充分干燥。大豆种子干燥以脱粒前带荚干燥为宜。大豆安全贮藏水分在12%以下。

②低温密闭贮藏。贮藏大豆对低温的敏感程度较差，因此很少发生低温冻害。

③及时倒仓过风散湿。为了达到长期安全贮藏的要求，大豆入库3～4周，应及时进行倒仓过风散湿，以防止发热、霉变等异常情况的发生。

四、训练步骤方法

(1)参观考察　组织学生到大型种子公司种子仓库参观,了解当前种子贮藏的主要形式和技术环节,增强感性认识。

(2)贮藏训练

①仓库全面检查。检查仓库是否安全,门窗是否齐全,关闭是否灵便、紧密,防鼠、防雀设备是否完好。种子库应事先消毒。

②仓用工具的准备和清理。对包装、运输等仓用工具和材料进行清理和消毒。

③种子准备。种子清选、干燥、装袋后运送到种子库。

④按作物种类、批次等进行码垛或散放,防止混杂。

⑤种子水分、温度等的检查。

五、考核标准及配分

本技能满分 100 分,要求达到 90 分以上。

①及时正确检查种子库是否合格。	20 分
②种子堆放科学合理规范。	30 分
③种子管理及时正确。	20 分
④及时检查记载。	30 分

六、作业

写实地调查参观种子公司的种子贮藏库报告。

第五单元　种子检验

主要内容

本单元包括十项技能，分别是种子扦样、种子净度分析、种子发芽试验、种子生活力的四唑染色测定、种子活力的测定、种子水分测定标准法和电子仪器速测法、种子田间检验、种子质量感官检验、水稻和玉米种子聚丙烯酰胺同工酶电泳鉴定、玉米种子纯度盐溶蛋白电泳鉴定方法。

训练目标

学生基本了解作物种子检验的主要项目，初步掌握作物种子检验的主要技能，并能够熟练操作作物种子检验的关键技能尤其是掌握杂交种子纯度检验的国家标准，能够独立从事作物种子检验工作，适应作物种子检验工作岗位要求。

综合训练三十八　种 子 扦 样

一、训练目的

熟悉各种扦样器和分样器的构造及使用；熟练掌握种子批的划分方法及袋装种子与散装种子的扦样方法。

二、训练场所、用具及材料

(1)训练场所　实训基地或种子商店。

(2)用具及材料　单管扦样器、双管扦样器、圆锥形扦样器等各种扦样器、分样器、分样板、样品瓶、样品袋、天平、袋装与散装各作物种子若干。

三、训练内容

(一)扦样的原则

①扦取的样品要有代表性。即送验样品的品质要代表整个种子批的品质，试验样品的品质能代表送验样品的品质。

②种子批各部分的种子类型和品质要基本均匀一致，否则不予扦样。

③扦样点应均匀全面地分布在种子堆的各个部位点上。

④各扦样点所取样品数量要基本一致，不可或多或少。

(二)种子批的划分

一般每个种子批扦取一个样品，一批种子数量过大，要根据种子批规定的数量划分若干批，每批分别扦样。每批种子数量不得超过表 38-1 规定质量。

(三)扦取初次样品

(1)袋装种子扦样法　按表 38-2 确定扦样袋数：

中小粒种子用单管扦样器，扦样时先用扦样器尖端拨开包装袋线孔，扦样器凹槽向下，自袋角处与水平成 30°角向上倾斜插入袋内，直至袋的中心，再把凹槽反转向上慢慢抽出扦样器，从空心手柄中将种子倒入容器中，并将袋口拨回原状，或用胶布封贴好。

大粒种子可拆开袋口，用双管扦样器扦样，插入前关闭孔口，插入后打开孔口，种子落入孔内，再关闭孔口，抽出袋外，缝好拆口，或用胶布封贴好。

(2)散装种子扦样法　按表 38-3 确定扦样点数，随机扦取不同部位与深度，各点扦取的数量大体相等。

表 38-1 主要农作物种子批的最大质量和样品最小质量及发芽试验技术规定

种名	种子批的最大质量/kg	样品最小质量/g			发芽床	温度/℃	初/末次计数天数/d	附加说明(包括破除休眠的建议)
		送验样品	其他植物种子计数试样	净度分析试样				
大豆	25 000	1 000	1 000	500	BP;S	20～30;20	5/8	
稻	25 000	400	400	40	TP;BP;S	20～30;30	5/14	预先加温(50℃);在水中或 HNO_3 浸 24 h
小麦	25 000	1 000	1 000	120	BP;S	20	4/8	预先加温(30～35℃);预先冷冻,GA_3
玉米	40 000	1 000	1 000	900	BP;S	20～30;20;25	4/7	
高粱	10 000	900	900	90	TP;BP	20～30;25	4/10	预先冷冻

注:表中符号代表:TP——纸上,BP——纸间,TS——砂上,S——砂中。

表 38-2 袋装的扦样袋(容器)数

种子批的袋数(容器数)	扦取的最低袋数(容器数)
1～5	每袋都扦取，至少扦取 5 个初次样品
6～14	不少于 5 袋
15～30	每 3 袋至少扦取 1 袋
31～49	不少于 10 袋
50～400	每 5 袋至少扦取 1 袋

表 38-3 散装的扦样点数

种子批大小/kg	扦样点数
50 以上	不少于 3 点
51～1 500	不少于 5 点
1 501～3 000	每 300 kg 至少扦取 1 点
3 001～5 000	不少于 10 点

长柄短筒圆锥形扦样器扦样时，旋紧螺丝，再以 30°角插入种子堆，到达一定深度后用力向上一拉，使活动塞离开谷门，略微振动，使种子掉入，然后抽出扦样器。圆锥形扦样器垂直或略微倾斜插入种子堆中，压紧铁轴，使套筒盖盖住套筒，达到一定深度后，拉上铁轴，使套筒盖升起，略微振动，然后抽出扦样器。双管扦样器扦样时，扦样器垂直插入，操作方法与袋装相同。

(四)分取送验样品

将全部初次样品混合在一起，成为混合样品。用分样器或四分法将混合样品分取到规定的数量成为送验样品。若混合样品的大小已符合规定，即可作为送验样品。

四、训练步骤及方法

(1)识别各种扦样器　准备几种常用的扦样器(图 38-1)，让学生认识，并能说出各种扦样器的特点及使用方法。

(2)划分种子批　让学生到实训基地或种子销售商店，给不同种类、不同数量的种子划分种子批，并确定扦样数量。

(3)扦取初次样品　根据实际情况，让学生选择合适的扦样器对已划分好的种子批扦取初次样品。

(4)分取送验样品　让学生把刚刚扦取的初次样品混合均匀，然后再根据具体

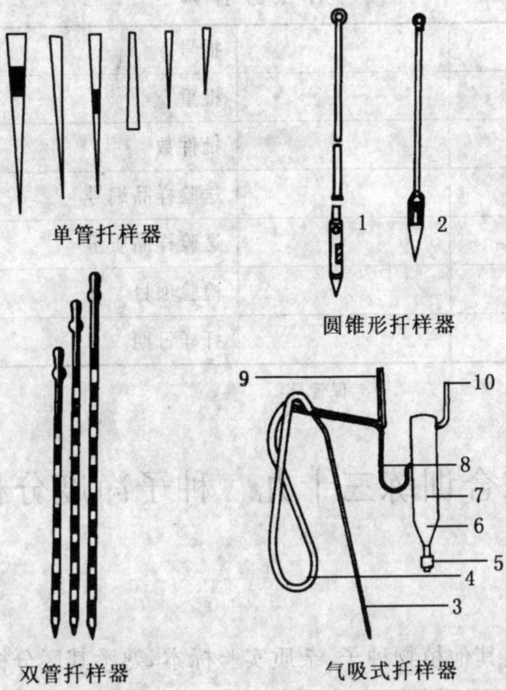

图 38-1 各种种子扦样器及气吸式扦样器构造

1.长柄短筒圆锥形扦样器 2.圆锥形扦样器 3.扦样管 4.皮管
5.玻质观察管 6.样品收集室 7.减压室 8.曲管 9.支持杆 10.排气管

条件选择合适的分样方法将样品分样，直到样品的大小符合规定。

五、考核标准及配分

本技能要求满分 100 分，要求达到 80 分以上。

①扦样器识别正确。 20 分

②科学划分种子批。 30 分

③选择正确扦样器，扦取初次样品。 30 分

④分取送验样品。 20 分

六、作业

填写扦样单。

种子扦样单

受检单位名称		批号	
种子存放地点		批重	
种子存放方式		批件数	
作物种类		送验样品编号	
品种名称		送验样品质量	
繁殖代数		检验项目	
收获年份		扦样日期	

扦样人员：　　　　　　　　　　保管员：

综合训练三十九　种子净度分析

一、训练目的

能识别净种子、其他植物种子、杂质实验标本，熟悉其区分标准；掌握种子净度分析方法和其他植物种子数测定方法。

二、训练场所、用具及材料

(1)训练场所　种子检验实验室。

(2)用具及材料　净度分析台、分析器或分析板、天平及分析天平、镊子、小括板、碟子、放大镜、套筛、吹风机、小毛刷等用具。各种作物种子若干及净种子、其他植物种子、杂质的标本。

三、训练内容

(一)净种子、其他植物种子和杂质

(1)净种子　送验者所叙述的种，包括该种的全部植物学变种和栽培品种。即使是未成熟的、瘦小的、皱缩的、带病的或发过芽的种子，如能明确地鉴别出它属于所分析的种应作为净种子，但已变成菌核、黑穗病孢子团或线虫瘿的不包括在内。完整的种子单位或大于原来大小一半的破损种子单位为净种子。

(2)其他植物种子　除净种子以外的任何植物种子单位，包括杂草种子和异作物种子。

(3)杂质　除净种子和其他植物种子外的种子单位和所有其他物质和构造。

(二)重型混杂物的检验

如土块、小石块或小粒种子中混有大粒种子等，先将这部分分离出来并称重。

(三)试验样品的分取

试验样品至少含有 2 500 粒种子的质量或不少于表 39-1 的规定。试验样品须称重，单位为 g，精确到表 39-1 规定的小数位数。

表 39-1　称重与小数位数

试样或半试样及其成分质量/g	称重至下列小数位数
1.000 以下	4
1.000～9.999	3
10.00～99.99	2
100.0～999.9	1
1 000 或 1 000 以上	0

(四)试样的分离

①试样称重后，按规定，将试样分离出净种子、其他植物种子和杂质三种成分。

②分离时可借助于放大镜、筛子、吹风机等器具或用镊子施压，在不损伤发芽力的基础上进行检查。

③分离时必须根据种子的明显特征，对样品中的各个种子单位进行仔细检查分析，并依据形态学特征、种子标本等加以鉴定。当不同植物种之间区别困难或不可能区别时，则填报属名，该属的全部种子均为净种子，并附加说明。

④种皮没有明显损伤的种子单位，不管是空瘪或充实，均作为净种子或其他植物种子；若种皮有一个裂口，须判断留下的种子单位部分是否超过原来大小的一半，如不能迅速地做出这种决定，则将种子单位列为净种子或其他植物种子。

⑤分离后各成分分别称重，单位为 g，折算为百分率。

(五)其他植物种子数目的测定

其他植物种子数目测定的目的是估计送验人所提出的其他植物种子数。用实际测定试样重量中所发现的种子数表示，但通常折算为样品单位质量(每千克)所含的其他植物种子数，以便比较。

$$\text{其他植物种子含量(粒/kg)}=\frac{\text{其他植物种子数}}{\text{试验样品质量(kg)}}$$

(六)结果计算与表示

(1)试样分析 试样分析结束后将净种子、其他植物种子和杂质分别称重,精确度与试样称重时相同,然后将以上各成分质量之和与原试样质量进行比较,核对分析期间物质有无增失,如增失超过原来重量的5%,应重新分析。

(2)最终结果的修正 各种成分的最终结果应保留1位小数,其和应为100.0%。否则应在最大的百分率上加上或减去不足或超过的数(修正值),计算中有含量小于0.05%的成分,应将该数字除去,填报"微量"。送验样品中有重型杂物时,最后净度分析结果按下式计算:

净种子:
$$P_2=P_1\times\frac{M-m}{M}\times 100\%$$

其他植物种子:
$$OS_2=OS_1\times\frac{M-m}{M}+\frac{m_1}{M}\times 100\%$$

杂质:
$$I_2=I_1\times\frac{M-m}{M}+\frac{m_2}{M}\times 100\%$$

式中:M为送验样品的质量,g;m为重型混杂物的质量,g;m_1为重型混杂物中其他植物种子质量,g;m_2为重型混杂物中杂质质量,g;P_1为除去重型混杂物后的净种子质量百分率,%;OS_1为除去重型混杂物后的其他植物种子质量百分率,%;I_1为除去重型混杂物后的杂质质量百分率,%。

最后应检查:$P_2+OS_2+I_2=100.0\%$。

(七)填报结果

净种子、其他植物种子和杂质的百分率必须填在检验证书规定的空格内。若一种成分的结果为零,必须在相应的空格内用"-0.0-"表示。若其中一种成分少于0.05%,则填报"微量"。

四、训练步骤方法

①准备作物种子若干、净种子、其他植物种子、杂质的标本,让学生准确区分。

②让学生把种子样品中的重型混合物分离出来并称重。

③试样称重后,按规定,将试样分离出净种子、其他植物种子和杂质并分别称重。

④让学生把上面称量的结果折算成百分率并查对容许差距。

五、技能考核

本技能要求满分100分,要求达到80分以上。

①正确区分试样中的净种子、其他植物种子及杂质。　20 分

②正确分离重型混杂物并称重。　20 分

③正确分离出净种子、其他植物种子及杂质并分别称重。　30 分

④正确计算净度分析结果并填写净度分析结果记载表。　30 分

六、作业

填报净度分析结果记载表。

净度分析结果记载表

样品登记号		作物名称						
试样与重复	试样重/g	净种子		其他种子		杂质		各成分质量和/g
		质量/g	百分数/%	质量/g	百分数/%	质量/g	百分数/%	
全/半试样 1								
全/半试样 2								
分析结果	净种子/%		其他种子/%			杂质/%		

综合训练四十　种子发芽试验

一、训练目的

掌握农作物种子的发芽试验条件；熟悉标准发芽试验的方法；明确正常幼苗鉴别依据。

二、训练场所、用具及材料

(1)训练场所　种子检验实验室。

(2)用具及材料　发芽箱、玻璃培养皿、玻璃板、滤纸或发芽纸、砂、镊子、标签、数种仪(器)。水稻、大豆、小麦、玉米等作物种子。

三、训练内容

(一)数取试样

在净种子中随机数取，小麦、水稻种子 100 粒/次，重复 4 次；玉米、大豆种子

50 粒/次，重复 8 次。

(二)准备发芽床

按 GB/T 3543.4—1995 检验规程规定，其中大豆、玉米种子宜用砂床或纸床，小麦、水稻种子宜用纸床。发芽床初次加水量应根据发芽床的性质而定，对于砂床，加水量应为其饱和含水量的 60%～80%水分，即 100 g 干砂中加入 18～26 mL 的水，充分拌匀后，达到手捏成块，放手即开，不能出现手指一压就出现水层。特别要注意，不能将干砂倒入培养皿，然后加水拌匀。这种拌砂法往往会造成砂中水分多孔隙少，氧气不够，影响正常发芽。对于纸床，纸吸足水分后，沥去多余水。

(三)种子置床

(1)砂上(TS)　适用于小麦、水稻种子。将拌好的湿砂装入培养皿至 2～3 cm 厚，种子置于湿润砂的表层。

(2)砂中(S)　适用于大豆、玉米种子。将拌好的湿砂装入培养皿至 2～4 cm 厚，然后将种子置于平整的湿润砂上，再覆盖一层 10～20 mm 的松散砂，以防翘根。

(3)纸上(TP)　适用于水稻种子。在发芽皿内平铺两层滤纸，加水至饱和，摆上种子，盖上盖。

(4)纸间(BP)　适用于小麦、水稻、大豆、玉米，把种子放在两层纸中间发芽。

(四)贴标签

在发芽皿底盘的外侧贴上标签，写明样品号码、置床日期、品种名称、重复次数、产地等，并登记在发芽试验记录簿上，盖好发芽皿盖来保持湿度。

(五)发芽

根据作物种子种类预先将发芽箱调至发芽所需温度，然后将置床的发芽皿放入发芽箱内支架上。为保持箱内湿度，也可在发芽箱内底部放一水盘。

(六)检查管理

每天检查一次，定时定量补水，表面生霉应取出洗涤后放回，必要时更换芽床，腐烂的种子及时取出并记载。

(七)幼苗鉴定

初期、中间记载时，将符合标准的正常幼苗，腐烂种子取出，并记载，未达标小苗、畸形苗、未发芽种子要继续发芽。末次记载时，正常苗、硬实、新鲜不发芽的种子、不正常幼苗、腐烂霉变等死种子都如数记载。

(1)正常幼苗　包括 3 种类型：

①完整幼苗。幼苗的主要构造生长良好、完全、匀称和健康。

②带有轻微缺陷的幼苗。幼苗的主要构造出现某种缺陷，但在其他方面能均衡生长，并与同一试验中的完整幼苗相当。

③次生感染的幼苗。由真菌或细菌感染引起，使幼苗主要构造发病和腐烂，但有证据表明病源不是来自种子本身。

(2)不正常幼苗 在实践中，带有下列一种或多种缺陷的幼苗均为不正常幼苗。

①初生根和种子根发育不全，短粗、停滞、残缺、破裂、纵裂、缩缢、卷缩在种皮内、背地性生长、玻璃状，由初生感染引起的腐烂，仅1条或缺少种子根等。

②胚轴短粗，破裂、缩缢、细长、玻璃状、扭曲、过度弯曲形成环状或螺旋形，由初生感染引起的腐烂。

③子叶和初生叶肿胀，卷曲、畸形、变色、坏死，玻璃状，由初生感染引起的腐烂，初生叶形态正常但小于正常大小的1/4。

④顶芽及其周围组织畸形、损伤，残缺及由初生感染引起的腐烂。

⑤禾本科的芽鞘和第一片叶畸形、残缺，损伤，芽鞘严重过度弯曲或扭曲成环状或螺旋状，由初生感染引起的腐烂，第一叶延伸长度不足芽鞘的一半。

⑥整个幼苗畸形、断裂、黄化、白化、纤细水肿状，由初生感染引起的腐烂；两株幼苗连在一起。

(八)结果报告

种子发芽试验结果要以正常幼苗、不正常幼苗、硬实、新鲜不发芽种子和死种子的百分率表示。各部分的总和应为100%且达到容许差距，填写到种子发芽试验记录表中。假如其中任何一项结果为零时，则须填入“—0.0—”。

四、训练步骤方法

(1)选发芽床 根据本校的情况，准备几种农作物种子，由学生自由选择某一农作物种子并确定合适的发芽床并置床，然后贴上标签并放入培养箱内发芽。

(2)管理检查 在种子发芽期间，要求学生每隔2～3 d检查发芽试验的状况，以保持适宜的发芽条件。

(3)观察记录 要求学生在种子发芽期间记录2～3次发芽情况，分别记录正常幼苗、不正常幼苗、硬实、新鲜不发芽种子和死种子数。

(4)结果计算 根据记录计算出正常幼苗、不正常幼苗、硬实、新鲜不发芽种子和死种子的百分率。

五、技能考核标准及配分

本技能要求满分100分，要求达到80分以上。

①能正确选择发芽床并调节到适宜水分，正确置床。 40分

②正确检查管理发芽条件并使种子顺利发芽。 20分

③能正确观察记载试验数据并能算出结果。 40分

六、作业

调查农资经营单位发芽试验的方法及存在问题。

综合训练四十一　种子生活力的四唑染色测定

一、训练目的

掌握四唑染色法测定种子生活力的原理及测定方法。

二、训练场所、用具及材料

(1)训练场所　实验室。

(2)用具及材料　电热恒温箱或发芽箱、显微镜或手持放大镜、棕色定量加液器、不同规格的染色盘、单面刀片、解剖针、吸水纸、天平(感量为0.001 g)、镊子、吸管、浓度为0.1%、1.0%的四唑溶液及大豆、玉米、水稻、小麦种子等。

三、训练内容

(一)试验样品的数取

从经净度分析后并充分混合的净种子中，随机数取试样4份，每份100粒。

(二)种子的预措预湿

预措是指有些种子在预湿前须先除去种子的外部附属物和在种子非要害部位弄破种皮，如水稻种子脱去内外稃，刺破硬实等。

根据种的不同，预湿的方法有所不同。如大豆、小麦、玉米、水稻种子放在纸上或纸间吸湿，也可将小麦、玉米、水稻种子完全浸在水中，让其达到充分吸胀。温度和时间可参见表41-1。

表 41-1　农作物种子四唑染色技术规定

种名	预湿时间/h	染色前的准备	35℃染色时间/h	鉴定前的处理	有生活力种子允许不染色、较弱或坏死的最大面积
小麦 大麦 黑麦	30℃恒温水浸种 3～4 h，或纸间 12 h	a. 纵切胚和 3/4 胚乳 b. 分离带盾片的胚	0.5～1	a. 观察切面 b. 观察胚和盾片	a. 盾片上下任一端 1/3 不染色 b. 胚根大部分不染色，但不定根原始体必须染色
玉米	同上	a. 除去稃壳，纵切胚和 3/4 胚乳 b. 在胚部附近横切	0.5～1	a. 观察切面 b. 沿胚纵切	同上
水稻	12 h	纵切胚和 3/4 胚乳	0.5～1	观察切面	胚根顶端 2/3 不染色
大豆	6～8 h	无需准备	3～4	切开种皮，掰开子叶，露出胚芽	a. 胚根顶端 1/2 不染色 b. 子叶顶端 1/2 不染色 c. 胚芽顶部不染色 1/4

(三)染色前的准备

为了使胚的主要构造和活的营养组织暴露出来，便于四唑溶液快速而充分地渗入和观察鉴定，经软化的种子应进行样品准备。

(四)染色

将已准备好的种子样品放入染色盘中，加入适宜浓度（小麦、玉米、水稻染色浓度为 0.1%，大豆染色浓度为 1.0%）的四唑溶液以完全淹没种子，移置一定温度的黑暗控温设备内或弱光下进行染色反应。所用染色时间因四唑溶液度、温度、种子种类、样品准备方法等因素的不同而有差异。一般来说，四唑溶液浓度高，染色快；温度高，染色时间短，但最高不超过 45℃。到达规定时间或染色已很明显时，倒去四唑溶液，用清水冲洗。

(五)鉴定前处理

为便于观察鉴定和计数，将已染色的种子样品，加以适当处理使胚主要构造和活的营养组织明显暴露出来。

(六)观察鉴定

大豆、玉米种子可直接用肉眼或手持放大镜进行观察鉴定，小麦、水稻种子最好用 10～100 倍体视显微镜进行观察。

观察鉴定时，确定种子是否具有生活力，必须根据胚的主要构造和有关活营养组织的染色情况进行正确的判断。

(七)结果表示与报告

计算各个重复中有生活力的种子数，并求出生活力平均百分率，重复间差距不得超过 GB/T 3543.4—1995 检验规程规定的生活力测定重复间的最大容许差距，平均百分率修约到最近似的整数，如超过应重做。

四、训练步骤方法

(1)预措预湿　准备几份主要农作物种子试验样品，让学生选择一样或几样种子试样进行预措预湿处理。

(2)染色　把已经预措预湿处理完的试样进行染色前的准备并进行染色，要正确确定四唑溶液的浓度、染色的时间等。

(3)观察鉴定　观察鉴定已经染完色的试样，要正确区分有生活力的种子和无生活力的种子。

(4)结果记载　根据上面鉴定的结果记录各重复中有生活力的种子数并求出生活力平均百分率，根据规定进行正确处理。

五、技能考核标准及配分

本技能要求满分 100 分，要求达到 70 分以上。

①根据所选择的种子试样正确地进行预措预湿处理。 30 分

②正确进行染色。 30 分

③学生能正确鉴别有生活力的种子和无生活力的种子。 30 分

④正确记录结果。 10 分

六、作业

填报生活力测定记载表。

生活力测定记载表

样品编号：　　　　作 物 名 称：

记载	重复				平均百分率
	Ⅰ	Ⅱ	Ⅲ	Ⅳ	
检测粒数					
有生活力粒数					
无生活力粒数					
硬实粒数					

附加说明

预处理方法：　　　　溶液浓度：

染色时间：　　　　染色温度：

综合训练四十二　种子活力的测定

一、训练目的

掌握几种主要的农作物种子活力测定方法并明确其测定原理。

二、训练场所、用具及材料

(1)训练场所　实验室或实训基地。

(2)用具及材料　培养箱、老化箱、老化盒、电导仪、天平、玻璃培养皿、滤纸、烧杯、镊子、尺子及大豆、玉米、小麦、水稻种子等。

三、训练内容

(一)加速老化试验

采用高温(40～50℃)、高湿(100％相对湿度)处理种子,加速种子老化。高活力种子经老化处理后仍能正常发芽,低活力种子则产生不正常幼苗或全部死亡。大豆种子试验方法如下:首先准备老化外箱和内箱。外箱最好是保持高湿的恒温箱如水温恒温箱,切忌用干燥箱作外箱,使箱温调节至40℃。内箱最好是有盖塑料或玻璃容器(勿用金属容器)。内箱中有一支架,上放一个金属丝框,于内箱中加水,距框 6～8 cm。将种子放在框内,约 200 粒,须使框底铺满,然后加盖密封。将内箱置于外箱的支架上,然后关闭外箱,保持密闭,经 72 h 取出种子用风扇吹干,进行发芽试验。取试样 50 粒,4 次重复,按标准发芽试验规定进行发芽。将长出正常幼苗种子作为高活力种子。

(二)幼苗生长测定

本法适用于具有直立胚芽和胚根的禾谷类和蔬菜类作物种子。其测定方法是取试样 4 份,各 25 粒种子。取发芽纸 3 张(30 cm×45 cm),取其中 1 张画线,先在纸长轴中心画一条横线,距顶端 15 cm。并在其上、下每隔 1 cm 画平行线。在中心线上平均间隔画 25 点,在每点上放 1 粒种子,胚根端朝向纸卷底部,再盖两层湿润发芽纸,纸的基部向上折叠 2 cm,将纸松卷成 4 cm 直径的筒状,用橡皮筋扎好,将纸卷竖放容器内,上用塑料袋覆盖。置于黑暗恒温箱内培养 7 d,温度为正常发芽所规定温度,然后统计苗长,计算每对平行线之间的胚芽或胚根尖端的数目,按下列公式求出幼苗平均长度。

$$L=\frac{nx1+nx2+\cdots+nx15}{n}$$

式中:L 为胚芽平均长度(cm); n 为每对平行线之间的胚芽尖端数; x 为中点至中线之间的距离(cm); 发芽试验中不正常幼苗不统计长度。

直根作物种子可用直立玻板发芽法测定其幼根长度:取滤纸 2 张,其中 1 张划 1 条中线,用水湿润贴在玻板上。将 25 粒种子等距排列在中心线上,将另 1 张滤纸湿润后盖上,将玻板以 70°角直立置于水盘内,放在 25℃黑暗下培养 3 d 后测量根的长度,计算平均值。

(三)幼苗评定试验

幼苗评定试验适用于大豆种子,这些种子不能用幼苗长度表示活力,因其细弱苗可达相当的长度。此法是采用标准发芽方法,幼苗评定时分成不同等级。试验方法如下:取试样 4 份,各 50 粒种子。将 1～2 mm 的粗沙清洗消毒后加水,使保持最大持水力约 15%(W/W),放入 4 个容积为 15 cm×20 cm×10 cm 的聚乙烯盒中,移于生长箱或培养箱中,于 20℃、相对湿度 95%～98%、光照 12 h、光强度 12 000 lx 培养,经 6 d 后取出幼苗洗涤干净,进行幼苗评定,先将种子分成发芽和不发芽两类,再将幼苗分成三级:

①健壮幼苗。胚芽强壮、深绿色。初生根强壮或初生根少而有大量次生根。

②细弱幼苗。胚芽短或细长,初生根少或较弱,但属正常幼苗。

③不正常幼苗。根或芽残缺或根芽破裂,苗色褪绿等。第一级为高活力种子,第二级为低活力而具有发芽力的种子,一、二级相加即为种子发芽率。

(四)发芽速率测定

适用于各种作物的活力测定。其方法是采用标准发芽试验,每日记载正常发芽种子数。然后按公式计算各种与发芽速度有关的指标。发芽速度表示的方法很多，如初期发芽率、发芽指数、发芽平均日数，以及到达规定发芽率（90%或 50%）所需的日数等，还可用发芽指数结合幼苗生长率（活力指数）表示。

（1）初期发芽率测定　许多作物种子如小麦、大豆、玉米等采用计算 3 d 发芽率。也可采用计算发芽势或初次计算发芽率。

（2）发芽日数测定　发芽达 90%所需日数或达 50%所需日数测定。后者可适用于发芽率较低的种子样品。

（3）发芽指数测定

$$\text{发芽指数}\ GI = \sum \frac{Gt}{Dt}$$

式中：GI 为发芽指数；Gt 为在不同时间（7 d）的发芽数；Dt 为发芽日数；$\sum$ 为总和；GI 值与活力呈正相关。

（4）活力指数测定

$$\text{活力指数}\ VI = GI \times S$$

式中：VI 为活力指数；S 为定时期内幼苗长度（cm）或幼苗质量（g）；GI 为发芽指数。

（5）平均发芽天数（平均日数）测定

$$\text{平均发芽天数(d)} = \frac{\sum (Gt \times Dt)}{\sum Gt}$$

幼苗生长和幼苗评定试验以及发芽速度的测定，均采用标准发芽试验，必须严格控制发芽温度、湿度和光照等条件，否则容易产生误差，同时测定人员必须具有评定幼苗的经验，才能获得准确结果。

四、训练步骤方法

（1）测定种子活力　准备几种不同活力的农作物种子，结合本校的实际情况，让学生选择合适的方法测定其种子活力。

（2）结果判断　根据测定结果，让学生正确地记录结果并判断所测种子活力情况。

五、技能考核标准及配分

本技能要求满分 100 分，要求达到 60 分以上。

①准确说出几种测定种子活力的方法及其原理。 40分

②选择两种方法，正确地测定种子活力。 60分

六、作业

试述4种种子活力测定方法的优缺点。

综合训练四十三 种子水分测定标准法和电子仪器速测法

一、训练目的

了解电烘箱的结构、原理及使用方法；掌握低恒温烘干法与高恒温烘干法的测定水分的方法及操作技术；了解电阻式和电容式速测仪的构造原理和使用方法。

二、训练场所、用具及材料

(1)训练场所 实验室、实训基地，有条件的也可到相关种子公司。

(2)用具及材料 水稻、小麦、玉米、大豆等种子，电热式恒温鼓风干燥箱(电烘箱)、感量为1/1 000 g的天平、样品盒(直径4.5 cm、高2.5 cm)、温度计、干燥器、干燥剂(变色硅胶)、粗天平、粉碎机、广口瓶、坩埚钳、手套、角匙等，以及当地常用电阻式和电容式水分仪。

三、训练内容

种子水分测定的方法很多，这里简要介绍几种常用方法和仪器，各地可根据具体情况选用。

(一)低恒温烘干法(103℃烘箱法)

①把电烘箱的温度调节到110～115℃进行预热，然后让其保持在103℃。

②把样品盒置于103℃烘箱中约1 h，放干燥器内冷却后用感量1/1 000 g天平称量，记下盒号和质量。

③把粉碎机调节到要求的细度。从送验样品中取出15～25 g种子进行磨碎(禾谷类种子磨碎物至少50%通过0.5 mm的铜丝筛，而留在1.0 mm铜丝筛上的不超过10%；豆类种子需要粗磨，至少有50%的磨碎成分通过4.0 mm筛孔)。

④称取试样两份(放于预先烘干的样品盒内称重)，每份4.5～5.0 g，并加盖。

⑤打开样品盒盖放于盒底，迅速放入电烘箱内(样品盒距温度计水银球2～

2.5 cm)，待 5～10 min 内温度回升至 103℃时，开始计算时间。

⑥103℃烘干 8 h 后，打开箱门，戴好手套迅速盖上盒盖(最好在箱内盖好)，立即置于干燥器内冷却，经 30～45 min 取出称重，并记录。

⑦结果计算。水分=(样品烘前质量－样品烘后质量)/样品烘前质量×100%。

若一个样品两次测定之间的容许差距不超过 0.2%，则用两次测定的算术平均数来表示，否则，需重做两次测定。

(二)高恒温烘干法(130～133℃烘箱法)

①把烘箱的温度调节到 140～145℃。

②样品盒的准备，样品的磨碎，称取样品等与(103±2)℃烘箱法相同。

③把盛有样品的称量盒的盖子置于盒底，迅速放入烘箱内，此时箱内温度很快下降，在 5～10 min 内回升至 130℃时，开始计算时间，保持 130～133℃，烘干 1 h。ISTA 规程烘干时间为：玉米 4 h，其他禾谷类 2 h，其他作物种子 1 h。

④到达时间后取出，将盒盖盖好，迅速放入干燥器内，经 15～20 min 冷却，然后称重，记下结果。

⑤结果计算同上。

(三)LSKC-4 型粮食水分快速测试仪法(电阻式)

①准备。打开侧门取出附件，用毛刷将测量孔内上下电极、磨子滚轮和漏斗打扫干净，将压杆和摇把装入压杆轴和摇把轴，把盛料盘插入磨子漏斗孔内。

②按下调整开关，拨动调整旋扭，使表头指针与右端末线重合，不能重合应打开箱底电仓盖换电池，若换新电池后仍不能重合，应检查振荡线路和测量线路的故障。

③磨碎。用定量勺取一平勺稍多的样品，倒入磨子内，合上磨子盖，转动磨子，被磨碎样品落入盛料盘内，用刷子将磨子滚轮和漏斗所粘样品也刷入盛料盘内。

④测量。磨碎后迅速将盛料盘插到测量孔内，按下压杆，表头指针随即偏转，如粳稻就读粳稻刻度，本仪器是以第一次压下的读数为准。

⑤温度校正。相同水分的样品，在不同温度下即可测量，温度较高时表头读数偏高，反之则低。因此，必须进行温度校正，以 20℃为标准，每升高 1℃，水分读数减去 0.1%；反之，每降低 1℃，水分读数就加上 0.1%。仪器上的温度表刻度已将温度值改为温度校正值，其中"0"就是 20℃，"0.5"就是 15℃，"－0.5"就是 25℃，例如在 25℃测定的水分读数是 14.5%，实际水分应为 14.5%－0.5%=14%。

粮食温度与仪器温度相差悬殊时，应将粮食与仪器同置于一处 10 余分钟，使粮食与仪器保持相同温度，测量才能准确。

⑥结束。测量结束后，按下调整开关，拨动调整旋钮，仍使指针回到右端末线上。一般测定两次重复。

(四)DSR-4A 型电脑水分测定仪(电容式)

(1)直接测定法

①将仪器放平接通电源按下开关，显示屏上出现"———"即通。

②将原定标品种编号输入仪器，如＃02 品种水稻，把数字拨盘拨到＃02，按测试(MEA)键，则显示屏上显示"0－2"。

③将落料筒放在传感器上，然后将被测种子定量样品倒入落料筒，拉起落料筒内斗，种子则均匀落入传感器内，待 3～5 s 后将显示水分百分值。

④倒出种子，重复 2～3 次，计算平均水分百分值。

(2)定标方法

①定标前的准备工作。需要准备两个高低不同水分的标准样品，经 105℃烘箱法测得标准水分值。要注意两个样品的水分百分值差应小于 6.5％，其质量为 70～100 g 的定量样品。例如：水分值分别为 6.5％，11.8％的样品，可任选品种序号。

②按下电源键，显示屏上出现"———"后，将拨盘序号拨至品种序号＃02。

③按下定标键，显屏上显示"0－2"。

④倒入 80 g 高水分样品 11.8％(或先倒入 80 g 低水分样品 6.5％均可)，种子经过落料筒进入传感器后，立即取去落料筒。

⑤输入高水分值，即将拨盘拨至 11.8。

⑥倒出第一份样品(高水分)，按下定标键，显示屏上显示 2(即等待倒入第二份样品)。

⑦将落料筒置于传感器上，倒入第二份样品(即低水分值 6.5％的样品)，提起落料筒内的种子进入传感器，输入低水分值，将拨盘拨至 6.5。

⑧将样品倒出，按下定标键后，显示屏上显示"E"(表示定标结束)，然后将拨盘序号复原至＃02。就可测验未知样品的水分。

四、训练步骤方法

①观察识别电烘箱、速测仪的结构，了解使用方法。

②分别用低恒温烘干法与高恒温烘干法测定一种作物种子的水分。

③根据本校实际情况，选择一种水分速测仪分别测出几种作物种子水分。

五、技能考核标准及配分

本技能要求满分 100 分，要求达到 70 分以上

①能正确操作电烘箱和水分速测仪。　20 分

②能正确用低恒温烘干法与高恒温烘干法测定一种作物种子的水分。40 分

③能正确使用一种水分速测仪分别测出几种作物种子水分。　40 分

六、作业

记录及计算不同作物种子不同测定方法的水分测定结果。

综合训练四十四　种子田间检验

一、训练目的

掌握田间检验方法，并结合本品种的典型性状进行田间去杂去劣，练习种子田的田间检验分析方法，为优良品种生产奠定基础。

二、训练场所、用具及材料

(1)训练场所　不同作物制种田。

(2)用具及材料　米尺、记录本、铅笔、镊子、放大镜等。

三、训练内容

(一)田间检验的时期

田间检验一般是在品种特征特性表现最明显的苗期、花期和成熟期进行。常规作物至少在成熟期检验一次。杂交作物在花期或花药开裂前不久检验。

表 44-1　主要作物田间检验时期

作物	田间检验时期			备注
小麦	苗期(出苗 1 个月内)	抽穗期	蜡熟期	临时约定或复检
水稻	同上	同上	同上	同上
高粱	同上	同上	同上	开花期应检 3 次
玉米	同上	同上	成熟期	开花期应检 3 次
大豆	苗期(2～3 片叶)	开花期	同上	临时约定或复检

(二)了解情况

熟悉和掌握被检种子品种的特征特性及在当地的表现情况,全面了解种子田背景、种子的来源、世代、上代纯度、种子批号、种植面积、前茬作物及栽培管理情况等,确认品种的真实性及种子田隔离条件是否符合标准要求。

(三)划区设点

凡同一品种、同一来源、同一繁殖世代、同一栽培条件的相连地块为一个检验区,一个检验区的最大面积为 33.3 hm^2。大于 33.3 hm^2 以上的地块,可根据种子田条件的均匀程度,分设检验区。也可选 3～5 块作为代表田,代表田的面积不少于供检面积的 5%。原种繁殖田、亲本繁殖田、杂交制种田等种子级别较高的地块,取样点数应加倍。

(四)取样方法

样区数目和大小应与种子田作物种植和生产的类别所规定最低品种纯度标准相联系,一般来说,若规定的标准为 $1/N$,样区大小应为 $4N$,这样对于品种纯度最低标准为 99.9%(即 1/1 000),其样本大小应为 4 000。

样区的大小和模式取决于被检种子田块大小、行播或撒播、自交或异交以及种子生长的地理位置等因素。如大于 10 hm^2 的禾谷类生产常规种子的种子田,最好采用大小为 1 m 宽、20 m 长,面积 20 m^2 与播种方向成直角的样区。

(1)对角线取样　取样点分布在一条或两条对角线上等距离设点,适用于正方形或长方形地块。

(2)梅花形取样　在田块的中心和四角共设 5 个点,适用于较小的正方形或长方形地块。

(3)棋盘式取样　在田间的纵横方向,每隔一定距离设一取样点,适用于不规则地块。

(4)大垄取样　垄作地块,先数总垄数,再按比例每隔一定的垄设一点,各垄的点要错开。

(五)检验计算

应沿着样区的行进行缓慢检查行走,应避免在阳光强烈或不良的天气下进行检查,在大雨中检查更无意义。记录在田间检验中发现的混杂株。

所谓种子田混杂株,是指包括观察明显不同的特征特性的植株,明显不同的特征特性如株高、颜色、形状、成熟度等性状,也包括不明显特征特性的植株,只能在植株特定部位进行详细检测才能观察到的,如叶形、叶茸、花和种子特征特性。

在取样点上逐株鉴定,将本品种、异品种、异作物、杂草、感染病虫株数进行分别记载，杂交制种田还要记载父(母)本杂株数，母本散粉株数，然后计算各项的百分率。公式如下：

$$品种纯度=\frac{本品种株(穗)数}{供检本作物总株(穗)数}\times100\%$$

$$异品种含量=\frac{异品种株(穗)数}{供检本作物总株(穗)数}\times100\%$$

$$异作物含量=\frac{异作物株(穗)数}{供检本作物总株(穗)数+异作物株(穗)数}\times100\%$$

$$杂草含量=\frac{杂草株(穗)数}{供检本作物总株(穗)数+杂草株(穗)数}\times100\%$$

$$病虫感染率=\frac{感染病虫株(穗)数}{供检本作物总株(穗)数}\times100\%$$

$$母本散粉率=\frac{母本散粉株数}{供检母本总株数}\times100\%$$

$$父(母)本散粉杂株率=\frac{父(母)本散粉杂株数}{供检父(母)本总株数}\times100\%$$

四、训练步骤方法

(1)确定检验项目及标准　根据本校的具体种子生产情况和教学进程安排，确定一块种子田并确定田间检验项目及标准。

(2)选点、取样、检验　按照检验项目及田块，分组让学生在确定田间检验的地块上划区设点、取样、检验。

(3)计算分析　让学生将本品种、异品种、异作物、杂草、感染病虫株数进行分别记载，杂交制种田还要记载父(母)本杂株数，母本散粉株数，然后计算各项的百分率。

五、技能考核标准及配分

本技能要求满分100分，要求达到70分以上。

①掌握被检品种特征特性。　30分

②正确地进行设点、取样、检验。　40分

③正确地计算出所检各项的百分率。　30分

六、作业

填报田间检验结果报告单。

田间检验结果报告单

<table>
<tr><td colspan="6">受检地块：</td></tr>
<tr><td>作物</td><td colspan="2"></td><td>生产面积</td><td colspan="2"></td></tr>
<tr><td>品种</td><td colspan="2"></td><td>抽查面积</td><td colspan="2"></td></tr>
<tr><td>检验时期</td><td colspan="2"></td><td>隔离情况</td><td colspan="2"></td></tr>
<tr><td rowspan="3">取点数</td><td>点数</td><td></td><td rowspan="3">调查株数</td><td>总株数</td><td></td></tr>
<tr><td>合格数</td><td></td><td>杂株数</td><td></td></tr>
<tr><td>合格率</td><td></td><td>杂株率</td><td></td></tr>
<tr><td>田间检验结果</td><td colspan="5">纯度达到(　　)级</td></tr>
<tr><td colspan="6">备注(说明)：</td></tr>
</table>

检验人员：　　　　　　　　　　　　　　　　年　　月　　日

综合训练四十五　种子质量感官检验

一、训练目的

掌握不同品种种子外部形态特征；利用人体感觉器官，通过眼看、手摸、牙咬、鼻闻、耳听等简单方法能够识别真假优劣种子。

二、训练场所、用具及材料

(1)训练场所　种子销售场所，实训室。

(2)用具及材料　不同特征特性的水稻种子、小麦种子和大豆种子、玉米种子及放大镜等。

三、训练内容

(一)感官鉴别的意义

所谓感官鉴别主要是利用人体器官的功能结合实践经验对种子的色泽、气味和外观品质进行评价。这种方法具有简便、快速的特点，而且不受时间、地点和环境条件的限制，在种子收购、入库和采购时具有十分重要的意义。

(二)感官鉴别的内容

(1)视觉鉴别　利用眼力判断种子的品质，如种子的子粒饱满度、均匀度、杂质和不完整子粒的多少，色泽是否正常，有无虫害或霉变等情况。看时既要集中于一点又要兼顾全面。先把种子摊在手上、桌上或平板上，把视线先集中在一点上仔细观察识别，再慢慢放大视野观察并进行比较。

①种子净度的鉴别。用眼看种子内是否混有不同的大型异质，种子表面是否粘有尘土。鉴别方法是：手插入种子堆倾斜抖动，拨看指缝是否有尘土或其他杂物，估算出它们所占比例。也可以取出一部分样品摊于样品盘上或手上，先粗略计算样品数量，再将手或样品盘倾斜并缓缓抖动，使种子均匀的向下流动，当流完后观察手或盘中的杂质的多少，估测含杂质的比例，推算出种子净度。

②种子水分鉴别。以玉米为例，一般胚部凹陷，有皱纹为干种子；胚部稍有凹陷，水分大约在规定的标准水分内；胚部不凹陷，光泽较强的种子水分含量较高；胚部稍有凸出，光泽较强的种子水分含量大约在20%以上。

③种子真伪的鉴别。一般的作物种子特别是杂交种子在外观上有其固有的特征，对这些特征的观察大致鉴别出种子的真伪。取一定数量的种子，目测种子的颜色、粒型、粒质、大小等，拣出不符合本品种特征特性的子粒，计算出异品种的比例，大致判断种子纯度的百分率。

④种子病害的鉴别。作物种子的很多病害都可以用感官鉴别，如小麦的腥黑穗病的菌瘿或赤霉病的菌丝等较大的病原体。鉴别方法是：从样品中数取500粒种子，放在白纸上或玻璃板上，用肉眼或5～10倍的放大镜检查菌瘿或菌丝，取出病原体或病粒，称其质量或数其粒数，计算出种子感病率。

(2)嗅觉鉴别　正常新鲜的种子都带有该品种的特殊气味：新鲜种子具有清香气味，发霉变质的种子一般都带有异味，如发过芽的种子带有甜味，发过霉的种子带有酸味或酒味。鉴别方法是：刚打开的包装袋口，马上用嗅觉判断有无异味。因为刚打开袋口时，突然散发的气味很容易闻到。也可将种子放在手掌上，吸一口气后闻是否有霉味；或将种子放在玻璃杯中，注入60～70℃温水，加盖2～3 min后，把水倒出再闻味。

(3)触觉鉴别　是用手的触觉功能判别种子水分的一种简易鉴别方法。根据种子的干燥、湿润和光滑程度及手插入种子堆内的感觉来判断种子的含水量。如感觉松散、光滑、阻力小、有响声则水分低；用手抓种子时，子粒容易从指缝中流落则含水量低；手插入种子堆内感觉到发涩、阻力大，手有潮湿的感觉则含水量高。

(4)听觉鉴别　是用耳朵判断种子水分的一种方法。鉴别方法是：抓一把种子紧紧握住，五指活动，听有无沙沙响声，或用扦样器敲打种子时发出清脆而急促的沙沙响声；带有果皮的品种抓起摇动听响声，或把种子从高处扬落发出响声判断种子的干燥程度。一般情况下，声音越大，种子的水分越小；反之，声音越小，并有发闷的声音，种子水分较大。

(5)齿觉鉴别　用牙齿功能判断种子水分的一种方法。用牙齿咬种子子粒听其响声，观察种子质量。具体方法是：取各点的子粒用牙齿轻轻加大压力，切断种子子粒，若感觉费力，声音清脆，软子粒断面掉粉，硬子粒断面整齐，则水分含量低；反之，牙咬时感觉软湿，子粒饼状片则含水量高。

四、训练步骤方法

(1)仪器测定　对作物种子进行科学检验，测出其含水量、纯度、净度等指标。

(2)估测　学生分别用视觉、嗅觉、触觉、听觉、齿觉几种方法估测含水量、纯度、净度等。

(3)对比分析感官鉴别的正确性　将感官鉴别的结果与科学检验（仪器检验）的结果对比分析，找出差距，反复训练，直到结果达到一致为止。

五、技能考核标准及配分

本技能要求满分 100 分，要求达到 70 分以上。

老师提供经过科学检验的标准种子，测出其准确的含水量、净度、纯度等指标。

①感官测定种子含水量与标准误差在 10%以内。　30 分

②感官测定种子净度与标准净度误差在 10%以内。　30 分

③感官测定种子纯度与标准纯度误差在 10%以内。　40 分

六、作业

填写感官检验结果报告单。

实验结果表告单

作物	纯度	净度	水分

综合训练四十六　水稻和玉米种子聚丙烯酰胺同工酶电泳鉴定

一、训练目的

了解水稻种子同工酶和玉米幼苗过氧化物酶同工酶电泳鉴定的原理；掌握其样品提取、电泳和同工酶染色方法；明确鉴定品种和纯度测定的效果。

二、训练场所、用具及材料

(1)训练场所　实验室，有条件的也可到相关种子公司。

(2)用具及材料　丙烯酰胺(Acr)、甲叉双丙烯酰胺(Bis)、N，N，N'，N'-四甲基乙二胺(TEMED)、过硫酸铵 APS、盐酸(HCl)、三羟甲基氨基甲烷(Tris)、核黄素、蔗糖、甘氨酸(即氨基乙酸)、磷酸氢二钠(Na_2HPO_4)、磷酸二氢钠(NaH_2PO_4)、丙酮、α-酯酸萘酯、β-醋酸萘酯、坚牢蓝 B(或坚牢蓝 RR)、溴酚蓝、醋酸、玉米种子或幼苗、水稻种子或幼苗、电泳仪、小玻璃研钵、长针头注射器等。

三、训练内容

(一)清洗用具

用具的清洁与否直接影响试验结果。因此，所有的玻璃仪器和所有用具都要清洗干净。如果是新使用的玻璃仪器，因其表面常附着有游离的碱性物质，除用肥皂水洗刷外，还需用 1%HCl 液浸泡过夜，最后用蒸馏水或去离子水冲洗。洗净的用具要放于 100～120℃烘箱内烤干备用。

(二)配制试剂

(1)分离胶缓冲液　10.98 g Tris，14.4 mL 1 mol/L HCl，0.2 mL TEMED，

加水定容至 30 mL。

(2)分离胶贮液 14.0 g Acr 和 0.368 g Bis,加水至 50 mL。

(3)过硫酸铵溶液 0.07 g 过硫酸铵加水至 50 mL。

(4)浓缩胶缓冲液 1.196 g Tris,9.6 mL 1 mol/L HCl,0.3 mL,TEMED,加水至 20 mL。

(5)浓缩胶贮液 3.0 g Acr,0.75 g Bis 加水至 30 mL。

(6)核黄素溶液 2 mL 核黄素加水至 50 mL。

(7)蔗糖溶液 20 g 蔗糖加水至 50 mL。

(8)电极缓冲液 7.2 g 甘氨酸,1.5 g Tris,加水至 250 mL。

(9)1 mol/L HCl 溶液 4.2 mL HCl 原液,加水至 50 mL。

(10)提取用液 取 7 号蔗糖液 10 mL,8 号电极缓冲液 2 mL,加水 8 mL。

(11)0.1%溴酚蓝溶液 30 mg 溴酚蓝,加水 30 mL。

(12)7%醋酸溶液 70 mL 36%醋酸加水至 360 mL。

(13)0.2 mol/L 磷酸盐缓冲液(pH 值 6.5) 8.549 g $NaH_2PO_4 \cdot H_2O$,9.025 g $Na_2HPO_4 \cdot 2H_2O$,加水溶解至 400 mL。

(三)制备凝胶

(1)电泳槽胶模封口 将试剂 1,2,3 与水按 1∶2∶4∶1 的比例(V/V)配成少许(约 4 mL)分离胶液,倒进安装好的胶模中,静置使胶液聚合封口。有时为了加快聚合可加进 3 滴 4%的 TEMED 溶液,或放进 30℃箱中,提高聚合温度。

(2)分离胶制备 按上述比例,配成 16 mL 的分离胶液倒进已封口的膜中,胶膜上部空余 2~3 cm,用注射器装水在胶液上表面轻注 1 层(2~3 mm)水,静置使其聚合(也可提高温度加速聚合)。当聚合完成时,可在水层下面见到明显的水胶分界线。

(3)浓缩胶制备 倒去聚合分离胶表面的水层,将 4,5,6,7 四种试剂按 1∶2∶1∶4 的比例配成浓缩胶液(约 4 mL),倒进胶膜中分离胶的上面,在浓缩胶液中插进样品槽模板,使模板下沿距分离胶约 1.0 cm,然后放到阳光下聚合。如无阳光照射可于日光灯下约 10 cm 处聚合,聚合后浓缩胶显乳白色。然后小心抽去样品槽模板,吸去样品槽中液体即可使用。

(4)酶样品的提取

①水稻干种子或幼苗酶样品的提取。

a. 干种子提取法。取水稻种子用去壳机脱壳,放入小玻璃研钵,每钵 1 粒米粒,加 3 滴提取液(20%蔗糖和电极缓冲液配成),充分研磨成匀浆,移到 1.5 mL 塑料离心管,在 5 000 r/min 离心 20 min 后,备用。

b. 幼苗提取法。取水稻种子样品，浸种 3 h，然后在 30℃条件下培养，至种胚萌动或长芽后取出整个种胚，放入研钵里，每个研钵放一个种胚，加入 3 滴提取液，充分匀浆，移入 1.5 mL 离心管，在 5 000 r/min 下离心 15 min，备用。

②玉米干种子或幼苗样品的提取。

a. 干种子提取法。纵剪取玉米半粒种子(含有半个种胚)，分别放入研钵，加入 5 滴提取液，充分研磨成匀浆，移入离心管，在 5 000 r/min 下离心 15 min，备用。

b. 幼苗芽鞘或叶片提取法。取玉米种子样品播于砂床，30℃条件下培养 3～5 d，待芽鞘长出，取下芽鞘，每研钵放一个，加入 3 滴提取液，充分研磨成匀浆，移入离心管，在 5 000 r/min 下离心 15 min，备用。

(5)进样　用微量进样器或用微量移液器吸取样品提取液(25～50 μL)，加进浓缩胶的样品槽中，每槽一样。不同样品之间要防止污染。样品槽中，样品液不能加太满。

(6)电泳　取电极缓冲液 80 mL，加水至 800 mL，倒入电泳槽中浸淹电极，前槽中电极缓冲液还应淹过胶膜的上口约 3 mm，使其与凝胶接触。样品液上方不能留有气泡。再在前槽中滴加 1～2 滴 0.1%溴酚蓝溶液。接上电泳仪，前槽接负极，后槽接正极。打开电源开关调节电流到 10 mA(起始电流)，当溴酚蓝指示剂进入分离胶时电流升到 20 mA，电泳中，一般要求电流保持稳定。当溴酚蓝指示剂移至分离胶模底部约 1.5 cm 时，就可关闭电源停止电泳。

(7)取、剥凝胶　拔下电源插头，倒出电极缓冲液，前后槽的溶液分别盛放，可重复使用 2～3 次。旋下螺母，拆下胶膜，掰掉硅橡胶带。用长针头注射器吸满水，将针头插入凝胶与玻璃板之间，边推注水边移动针头，使凝胶与玻璃板分离。除去一面的玻璃板后用同样方法分离另一面的玻璃板。将凝胶片移入适当大小的培养皿中用去离子水冲洗两次，即可进行酶的显色。取胶时不要损伤凝胶的表面。凝胶片下端不平整部分用刀片裁去，并在胶片角上切去一小块作为从左到右的样品顺序标记。

(8)酶电泳图谱的显色　称取 30 mg α-醋酸萘酯，30 mg β-醋酸萘酯，用少许丙酮(1 mL)溶解后，加入 90 mL pH 值 6.5 的 0.1 mol/L 磷酸盐缓冲液(0.2 mol/L 磷酸缓冲液 45 mL，加水 45 mL)最后加入 60 mg 坚牢蓝，溶解后即为酯酶的显色液。将凝胶片浸入显色液中，37℃箱中显色到酶带显现(1.0～1.5 h)。倒去显色液，胶片冲洗 2～3 次，倒入 7%醋酸溶液固定。

(四)同工酶电泳谱带的观察、记录

电泳谱带的观察最好是在有透射光的条件下进行。一般是根据同工酶谱带的条数，以及酶带所处的位置来判别该种子样品是否属于本品种。当电泳谱带深浅差异显著时，也可作为判别的依据，但此项判别要慎重，因为样品的提取等处理还未达到定量分析的要求，粗放的操作本身就是可能影响到酶谱带颜色深浅。

四、训练步骤方法

(1)清洗用具　让学生把所有的玻璃仪器和所有用具清洗干净。

(2)酶样品的提取　准备好水稻、玉米干种子或幼苗，在老师讲解示范完后，让学生进行酶样品的提取。

(3)电泳操作　让学生将刚提取的酶样品液进行进样、电泳、剥取凝胶、显色的操作。

(4)观察判断　让学生根据同工酶谱带的条数及酶带所处的位置来判别该种子样品是否属于本品种。

五、技能考核标准及配分

本技能要求满分 100 分，要求达到 60 分以上

①正确操作离心机和电泳仪。　20 分

②正确提取酶样品。　30 分

③正确进行电泳操作。　30 分

④正确进行同工酶电泳谱带的观察判断。　20 分

六、作业

简述水稻和玉米种子聚丙烯酰胺同工酶电泳鉴定的操作过程及应注意的问题。

综合训练四十七　玉米种子纯度盐溶蛋白电泳鉴定方法

一、训练目的

了解玉米单交种及亲本的真实性和品种纯度的室内检测方法；掌握玉米单交种及亲本的真实性和品种纯度鉴定国家标准。

二、训练场所、用具及材料

(1)训练场所　种子检验实训室。

(2)用具及材料　电泳仪(500±5)V 连续可调、0～400 mA 连续可调、额定输出功率 200 W)、垂直板夹心式电泳槽、单子粒粉碎器、天平(感量 0.01 g、0.001 g、0.000 1 g 各一台)、酸度计、磁力搅拌器、高速离心机(5 000 r/min 以上)、电冰箱、电炉、离心管(1.5 mL)、离心管架、移液管(10 mL、5 mL、2 mL 各两支)、微量进样器(5～100 μL)、恒温箱、观片灯等。丙烯酰胺、N,N'-亚甲基双丙烯酰胺、乳酸、乳酸钠、甘氨酸、抗坏血酸、硫酸亚铁、氯化钠、蔗糖、甲基绿、基绿、三氯乙酸、过氧化氢、考马斯亮蓝 R250、无水乙醇、正丁醇等(注：所用试剂均为分析纯，所用水均为去离子水)。

三、训练内容

从玉米种子中提取的盐溶蛋白在聚丙烯酰胺凝胶的浓缩效应、分子筛效应和电泳分离的电荷效应作用下进行分离，通过染色显示蛋白质谱带类型。不同玉米品种由于遗传组成的不同，种子内所含的蛋白质种类有差异，这种差异可利用电泳图谱加以鉴别，从而对种子真实性和品种纯度进行鉴定。

四、训练步骤方法

(一)溶液配制

(1)电极缓冲液　称取甘氨酸 6.00 g，倒入 2 000 mL 烧杯中，加入 1 800 mL 去离子水溶解，用 2.0 mL 乳酸调至 pH 值为 3.3，再加去离子水定容至 2 000 mL，混匀。

(2)样品提取液　称取氯化钠 5.80 g，蔗糖 200.00 g，甲基绿 0.15 g，倒入 1 000 mL 烧杯中，加去离子水 800 mL 溶解，加热至微沸，放至室温，再用去离子水定容至 1 000 mL。在 4℃条件下保存。

(3)分离胶缓冲液　取 1.43 mL 乳酸钠于 1 000 mL 烧杯中，加去离子水 980 mL 用乳酸调至 pH 值为 3.0，再加去离子水定容至 1 000 mL，贮于棕色瓶中，在 4℃条件下保存。

(4)分离胶溶液　称取丙烯酰胺 112.50 g，N,N'-亚甲基双丙烯酰胺 3.75 g，抗坏血酸 0.25 g，硫酸亚铁 8.0 mg，用分离胶缓冲液溶解，再用分离胶缓冲液定容至 1 000 mL，过滤于棕色瓶中，在 4℃条件下保存(不超过 14 d)。

(5)浓缩胶缓冲液　取 0.30 mL 乳酸钠于 200 mL 烧杯中，加去离子水 90 mL，用乳酸调至 pH 值为 5.2，再加去离子水定容至 100 mL 贮于棕色瓶中，在 4℃条件下保存。

(6)浓缩胶溶液　称取丙烯酰胺 6.00 g，N,N'-亚甲基双丙烯酰胺 1.00 g，抗坏血酸 0.03 g,硫酸亚铁 0.8 mg,用浓缩胶缓冲液溶解,再用浓缩胶缓冲液定容至 100 mL,过滤于棕色瓶中,在 4℃条件下保存(不超过 6 d)。

(7)3%的过氧化氢溶液　取 30%的过氧化氢 1 mL,加 9 mL 去离子水,贮于棕色瓶中,在 4℃条件下保存。

(8)染色液　称取考马斯亮蓝 R250 2.00 g,在研钵中用 100 mL 无水乙醇研磨溶解,过滤于棕色瓶中。取 10 mL 该溶液,加入到 200 mL 的 10%(*V*/*V*)三氯乙酸溶液中,混匀。

(二)电泳操作

(1)样品制备　按 GB/T 3543.2 的要求,从送验样品中随机分取玉米种子至少 100 粒,用单子粒粉碎器粉碎,放入 1.5 mL 离心管中,用滴管加入与样品体积相同的样品提取液,摇匀,放置 5 min 后,再摇一次,30 min 后,用离心机离心(5 000 r/min)15 min,取上清液用于电泳。

(2)凝胶制备

①胶室制备。将预先洗净晾干的玻璃板装入胶条中,然后把胶条固定在垂直板电泳槽内,保持水平,短板向正极,拧紧螺栓,备用。

②封底缝。根据电泳槽大小,取适量分离胶溶液于烧杯中,用微量进样器加入适量 3%的过氧化氢溶液(一般每 5 mL 分离胶溶液加 20 μL 3%过氧化氢溶液),迅速摇匀,并从长玻璃板外侧沿玻璃板倒入,振动电泳槽 3 次,放平。

③灌分离胶。底缝封住后,用滤纸条插入两玻璃板之间,吸去因聚合而析出的水;量取分离胶溶液适量,加入 3%过氧化氢溶液(一般每 15 mL 分离胶溶液加 3%过氧化氢 20 μL)迅速摇匀;倾斜电泳槽,将分离胶溶液倒入两玻璃板之间,高度距短玻璃板上沿 1.2 cm;放平电泳槽并在试验台上振动 3 次后,迅速加入适量的正丁醇封住胶面。待凝胶聚合后,吸出分离胶表面上的正丁醇,并用去离子水冲洗胶面 3 次,用滤纸吸干。

④灌浓缩胶。量取浓缩胶溶液适量,加入 3%过氧化氢溶液(一般每 5 mL 浓缩胶溶液加 3%过氧化氢溶液 40 mL),迅速搅匀,倒入两玻璃板之间,马上插好样品梳,样品梳底部距分离胶顶部 0.5 cm。

⑤点样。浓缩胶聚合后,拔出样品梳并将样品槽清理干净,用微量进样器在每个样品槽中加入不同子粒的样品上清液 15 mL,每点一粒后,都要用去离子水清洗进样器 3 次。

⑥电泳。加样完毕后,倒入电极缓冲液,上槽电极缓冲液面要高于短玻璃板,下槽电极缓冲液面要高于铂金丝;将电源线正极接上槽,负极接下槽;接通电源,采用 500 V 稳压进行电泳,待甲基绿指示剂下移至胶底部边缘时,关闭电源。

⑦卸板。倒出电极液，从电泳槽内取出胶室，卸下胶条，启开玻璃板，取出胶片，浸入染色液中。

⑧染色。在 30℃恒温条件下染色 2～4 h。

⑨洗板。取出胶片，用 0.5％的不加酶洗衣粉水洗净。

(三)结果计算

(1)电泳测定值计算　待整个供检样品电泳结束后，在观片灯上鉴定胶片上电泳谱带的特征和一致性，计数供检样品粒数和非本品种粒数，并按式(1)计算电泳测定值 X。

$$X = 100\% \times (\text{供检样品} - \text{非本品种颗粒}) / \text{供检样品粒数} \qquad (1)$$

(2)样品纯度值计算　将电泳测定值 X 代入式(2)回归方程，计算出样品纯度值 Y，再将 Y 与 GB 4404.1 中的纯度值进行比较，判定样品是否合格。

$$Y = 52.9 + 0.461X \qquad (2)$$

五、考核标准及配分

本技能满分 100 分，要求达到 70 以上。

①掌握测定原理。 25 分

②溶液配制正确。 25 分

③操作步骤规范准确。 25 分

④测定结果正确，判断准确。 25 分

六、作业

写出实训报告。

第六单元　作物病虫害防治技能

主要内容

本单元包括十项技能，分别是昆虫及其他类似动物外部形态观察、常用化学农药的性状观察和简易鉴别、昆虫标本采集制作和保存、植物病害标本的采集制作和保存、农药田间药效试验、种子的药剂处理、作物害虫识别与防治、作物病害识别与防治、农作物病虫害田间调查与统计、农作物病虫害综合防治方案的制定。

训练目标

学生基本了解农田主要昆虫和病害种类并能初步识别，能够通过外部表现辨别主要作物常见的病虫害并提出正确的防治措施，能够进行简单的药效试验，对市场上的主要农药类型正确识别和区分。

综合训练四十八　昆虫及其他类似动物外部形态观察

一、训练目的

了解昆虫体躯外部形态的基本构造和特征；认识昆虫纲与蛛形纲、甲壳纲及节肢动物门其他纲的形态区别，为田间识别昆虫及其他节肢动物奠定基础。

二、训练场所、用具及材料

(1)训练场所　实训基地或实验室内。

(2)用具及材料　体视显微镜、放大镜、解剖剪、挑针、镊子、培养皿、胶水等，蝗虫、蝼蛄、蟋蟀、蛾类、蝴蝶、蝉、叶蝉、蚜虫、金龟甲、步甲、象甲、叩头虫、瓢虫、天牛、龙虱、螳螂、家蝇、蚊、虻、椿象、蜜蜂、草蛉、蓟马、白蚁、蚂蚁、毒蛾、雄性蚕蛾、芫菁雄虫、绿豆象雄虫、蜘蛛、螨类、蜈蚣、马陆、虾等实物标本、玻片标本、浸渍标本或针插标本。

三、训练内容

危害农作物的动物，绝大多数是有害昆虫，其次是螨类。这两类害虫都是一些小型动物，分别属于动物界节肢动物门昆虫纲和蛛形纲。昆虫纲是动物中种类最多的一类，全世界已有学名的动物约150万种，而昆虫就占100万种以上。

昆虫形态各异，身体构造差别很大，但昆虫成虫的共同特征是：身体分为头部、胸部和腹部三个体段；头部有一对触角、一对复眼、0～3个单眼；胸部有3对足，1～2对翅；腹部由10节左右组成，末端有外生殖器1个。

(一)昆虫体躯及主要附器

(1)体躯　将蝗虫的翅掀起直立，从侧面观察外骨骼包被虫体，躯体由许多环节组成，分三大体段：头部、胸部和腹部。头部是昆虫感觉和取食的中心，主要有触角1对、复眼1对、单眼1～3个及1个取食的口器。胸部是运动的中心，主要有胸足3对、1～2对翅。腹部是新陈代谢和繁殖的中心，主要有体侧成对的气门、1对听器、1对尾须和外生殖器等。

(2)昆虫的触角　触角是昆虫的重要感觉器官，上面生有许多感觉器和嗅觉器(可以算是昆虫的“鼻子”)，有的还具有触觉和听觉的功能，昆虫主要用它来寻找食物和配偶。昆虫的触角多种多样，主要有丝状：蝗虫、蟋蟀；鞭状：天牛；刚毛状：蝉、叶蝉；念珠状：白蚁、蚂蚁；锤状：瓢虫；锯齿状：叩头虫；球杆状：蝴蝶；膝状：蜜蜂、象甲；具芒状：蝇；栉齿状：芫菁雄虫、绿豆象雄虫；鳃片状：金龟甲；羽毛状：毒蛾、雄性蚕蛾。

(3)昆虫口器　昆虫所有口器类型均由咀嚼式口器演化而成，其口器分1片上唇、1对上颚、1对下颚、1片下唇和舌5部分；刺吸式口器有的部分特化，有的部分退化或消失，分节喙内藏1对上颚口针和1个合并的下颚口针；其他类型口器如蜜蜂的嚼吸式、蛾和蝶的虹吸式、蝇类的舐吸式口器及蓟马的锉吸式口器。

(4)昆虫足的类型　没有特化的足均为步行足。昆虫由于取食、活动等需要而将足特化形成各种类型。开掘足：蝼蛄、蝉及金龟甲的前足；跳跃足：蝗虫、蟋蟀的后足；携粉足：蜜蜂后足；游泳足：龙虱的后足；捕捉足：螳螂的前足。

(5)昆虫翅的类型　复翅：蝗虫、蟋蟀；鞘翅：金龟甲、天牛、象甲的前翅；半鞘翅：椿象的前翅；鳞翅：蝴蝶、蛾子的前后翅；膜翅：蝉、蜂、蜻蜓等前后翅；平衡棒：双翅目昆虫的蚊、蝇、虻后翅退化成棒状，飞行时用以平衡身体。

(二)昆虫与其他节肢动物的区别

了解昆虫的形态特征，就可以把它们与其他节肢动物区别开，如蛛形纲的蜘蛛，体分头胸部和腹部两个体段，有4对足，无翅，无触角；又如蛛形纲的螨类，身体卵圆形不分段，有4对足，无翅，无触角；甲壳纲的虾、蟹，体分头胸部和腹部两部分，5对足，无翅；多足纲的蜈蚣、马陆，体分头部和胸腹部(胸部和腹部同形)，身体各节都生1对或2对足，无翅。由于这些近缘动物都不符合昆虫的特征，所以都不是昆虫，但它们都属于节肢动物。节肢动物门共同特征为：身体分节，由一个一个的小环节组成；有的体节上有成对分节的附肢；外骨骼。

四、训练步骤方法

(1)观察各种昆虫的体躯构造及附器特征　将田间昆虫或昆虫标本进行解剖，利用放大镜或体视显微镜进行观察，将解剖后的附器进行粘贴或绘图。

(2)观察节肢动物门的蛛形纲(蜘蛛、螨类)　甲壳纲(虾、蟹)、多足纲(蜈蚣、马陆)形态特征，将田间的这些节肢动物或节肢动物标本进行解剖，利用放大镜或体视显微镜进行观察，对比它们与昆虫纲的区别。

五、考核标准及配分

本技能满分100分，要求达到60分以上。

①正确识别各种昆虫。　40分

②明确昆虫纲与蛛形纲的主要区别。　30分

③准确说出节肢动物门的共同特征。　30分

六、作业

搜集积累昆虫及其他节肢动物。

综合训练四十九　常用化学农药的性状观察和简易鉴别

一、训练目的

了解几种农药常见剂型的特性和简易鉴别方法；掌握常见农药的物理性状并学习几种简易的鉴别方法。

二、训练场所、用具及材料

(1)训练场所　实训基地或实验室内。

(2)用具及材料　天平、牛角匙、试管、量筒、烧杯、玻棒等，当地常用的农药品种。如50%和80%敌敌畏乳油、45%辛硫磷乳油、25%辛硫磷微胶囊剂、3%辛硫磷颗粒剂、40.7%乐斯本乳油、2.5%溴氰菊酯乳油、10%吡虫啉可湿性粉剂、1.8%阿维菌素乳油、25%灭幼脲3号悬浮剂、Bt乳剂、白僵菌粉剂、福美双可湿性粉剂、73%克螨特乳油、20%达螨酮乳油、25%三唑锡可湿性粉剂、10%克线丹颗粒剂、50%农利灵可湿性粉剂、25%粉锈宁乳油、25%敌力脱乳油、72.2%普力克水剂、45%百菌清烟剂等。

三、训练内容

(一)常用农药剂型

未经加工的农药一般称为原药。为方便使用，原药常被加工成具有一定物理状态和化学特性的制剂称剂型。农药的剂型很多，常用的剂型主要有粉剂、粉尘剂、可湿性粉剂、颗粒剂、微胶囊剂、乳油、水剂、悬浮剂、烟剂和熏蒸剂等。

(1)粉剂和粉尘剂(D)　粉剂和粉尘剂是用原药加入一定量的惰性粉(黏土、滑石粉、高岭土等)，经机械加工成粉末状物，粉剂不易被水湿润，不可以加水喷雾使用。

(2)可湿性粉剂(WP)　可湿性粉剂是杀菌剂中最为常用的剂型。是将原药、填充物和一定量的助剂(湿润剂、分散剂等)按一定比例充分混合和粉碎后，达到一

定细度的粉状制剂。可湿性粉剂适用于兑水稀释后喷雾，不可用于喷粉。

(3)胶悬剂(FC) 胶悬剂是将原药超微粉碎后分散在水、油或表面活性剂中，形成黏稠状可流动的液体制剂，较耐雨水冲刷。胶悬剂长时间放置后会发生沉淀，一般不影响药效，使用时摇匀即可，常用于喷雾。

(4)乳油(EC) 乳油是杀菌剂原药按比例溶解在有机溶剂(如苯、甲苯、二甲苯)中，加入乳化剂制成的油状液体，加水稀释后成为乳浊液，常用于喷雾或浇灌。

(5)水剂 水剂是将杀菌剂原药溶于水中制成的液态剂型，加水稀释后成为溶液，可用于喷雾、浇灌、浸泡等。

(6)烟剂 烟剂是由原药、燃料(木屑粉、淀粉等)、助燃剂(如氯酸钾、硝酸钾等)、阻燃剂(如陶土、滑石粉等)制成的混合物，块状，点燃后燃烧均匀，无明火，发烟率高，主要用于设施栽培(如温室、塑料大棚)作物病害的防治。

(7)熏蒸剂 熏蒸剂由易挥发性药剂、助剂及填充料按一定比例混合制成的用于熏蒸的药剂，熏蒸剂常见剂型为固体，少数品种为液体。

(二)农药简易鉴别

(1)粉剂、可湿性粉剂的简易鉴别 取少量药粉轻轻撒在水面上，长期浮在水面的为粉剂，在1 min内粉粒吸湿下沉，搅动时可产生大量泡沫的为可湿性粉剂。另取5 g可湿性粉剂倒入盛有200 mL水的量筒内，轻轻搅动放置30 min，观察药液的悬浮情况，沉淀越少，药粉质量越高，反之可湿性粉剂的质量不高。

(2)乳油质量简易测定 将2～3滴乳油滴入盛有清水的试管中，轻轻振荡，观察油水融合是否良好，稀释液中有无油层漂浮或沉淀。稀释后油水融合良好，呈半透明或乳白色的乳状液，表明乳油的乳化性能好；若出现少许油层，表明乳化性尚好；出现大量油层、乳油被破坏，则不能使用。

四、训练步骤方法

(1)识别各种剂型农药 收集当地销售的各种农药剂型，让学生逐一认识并能辨别真假优劣。

(2)鉴别各种剂型农药 结合当地或学校生产当中常用的农药剂型进行实验，掌握各种农药的物理性状。

(3)市场调查并购买 学生分组到市场上进行调查农药销售情况，如果学校有条件可以结合生产由学生自己购买农药。

五、技能考核标准及配分

本技能满分100分，要求达到80分以上。

①正确识别农药的剂型。　25 分

②正确区分粉剂和可湿性粉剂。　25 分

③能够进行粉剂和乳油测定。　25 分

④观察农药物理性状并能正确描述。　25 分

六、作业

调查市场上各种不同剂型的农药品种。

综合训练五十　昆虫标本采集、制作和保存

一、训练目的

学习采集、识别、制作和保存昆虫标本的方法；能够识别当地常见农业害虫和天敌昆虫的种类；了解不同种类昆虫的生活环境和发生情况。

二、训练场所、用具及材料

(1)训练场所　实训基地和实验室内。

(2)用具及材料　捕虫网、采集袋、吸虫管、指形管、毒瓶、采集盒、幼虫采集箱、镊子、剪子、小刀、小毛笔、记录本、铅笔、三角纸包、昆虫针、展翅板、三级台、还软器、粘虫胶、标本瓶、标本盒、放大镜、体视显微镜、挑针、福尔马林、酒精、敌敌畏、细木屑、石膏粉、脱脂棉等。其中采集袋是用于装采集用具的特制挂包，可将毒瓶、指形管、放大镜、镊子、剪刀、三角纸包等装入其中。

三、训练内容

(一)采集昆虫

1.利用各种用具采集昆虫

(1)用捕虫网捕捉昆虫　捕虫网由网圈、网袋和网柄三部分组成。捕虫网按用途分为用来采集空中飞行昆虫的捕网，用来在树丛或草丛中捕捉隐藏昆虫的扫网，采集水生昆虫的水网。

(2)用吸虫管吸虫　吸虫管用于吸捕小型昆虫，如蓟马、飞虱、蜂等。

(3)捕捉的昆虫可用毒瓶迅速杀死　制作毒瓶时，应先准备好广口瓶、木屑、氰化钾(氰化钾禁用，可用其他替代物)、石膏粉和清水。由教师为学生做制作毒瓶的示范，并讲解使用方法和注意事项。

(4)捕捉的昆虫不想迅速杀死的,可用采集盒暂时保存　采集盒用于装活幼虫,常用的有盖上带小孔的金属小盒和纱网做的采集箱,也可利用小纸盒。

(5)用三角纸包装毒死后的昆虫　在教师指导下,每名学生做5个三角纸包,并将毒死后的蝶类放入三角纸包内。

(6)其他　具有假死性的昆虫可用采集伞、具有趋光性的昆虫可用诱虫灯诱集、具有趋化性的昆虫可用诱蛾器诱集等。

2.利用昆虫各种习性采集昆虫

要根据各种昆虫的习性选用观察法、搜索法、网捕法、诱集法、击落法等。

3.采集昆虫注意事项

①要重点采集危害农作物的害虫和天敌昆虫,对小型昆虫应特别耐心细致。

②应尽量采集到昆虫的各个虫态,尽可能多采集一些同种个体。

③注意不损伤昆虫个体的任何部分,否则将会失去标本价值。

④在采集昆虫时,同时采集被害植物的被害状,并记录采集的时间、地点、寄主植物、为害情况等,还要书写标签和进行编号。

(二)制作标本

1.针插标本制作

采集到的昆虫都要及时制成标本保存,大多数昆虫的成虫都可制成针插标本。

(1)制作标本的用具

①昆虫针。用于固定昆虫,长度为38.45 mm,按照粗细分为0,1,2,3,4,5号。号数越大,针越粗。另外还有一种微针,长约10 mm,供插小型昆虫用。

②三级台。可使昆虫标本、标签在昆虫针上的高度一致,保存方便,整齐美观。分为三级,各级的高度分别为8,16,24 mm。

③展翅板。用于伸展昆虫翅的工具。多用于制作鳞翅目、直翅目、脉翅目、蜻蜓目等昆虫标本。

此外,常用的工具还有使干硬标本软化的还软器、制作小型昆虫标本用的台纸、修补昆虫标本用的粘虫胶、制作幼虫干燥标本用的吹胀器等。

(2)针插标本的制作方法　在教师的指导下正确使用昆虫针、三级台和展翅板制作昆虫针插标本。要注意根据虫体大小选择粗细适当的昆虫针;选择正确的针插部位,如鳞翅目、膜翅目插在中胸背板中央,鞘翅目插在右鞘翅的内前方,半翅目插在小盾片偏右方,直翅目插在前胸背板的后右侧;整姿时注意尽量将触角和足的位置保持活虫姿态,即前足向前,后足向后,中足向左右;需要展翅的昆虫,翅的位置要标准,如蝶蛾类昆虫的前翅后缘成一直线、蜻蜓后翅的前缘成直线、蝇类和蜂类以前翅的肩角与头成一直线,且使左右翅对称;干燥后放入标本盒保存。

每一个昆虫标本都要有标签，针插在标签中央，其中写采集时间、地点、寄主、采集人的标签高度为三级台的第二级。写昆虫名称的标签插在第一级。在制作标本过程中，对损坏的标本可以用粘虫胶修补。

2.浸渍标本制作

昆虫的幼虫、卵、蛹及身体柔软或细小昆虫的成虫多用保存液保存在指形管或其他玻璃瓶内。在教师的指导下配制福尔马林保存液和酒精保存液，常用的还有冰醋酸、福尔马林、白糖混合液，酒精、福尔马林、冰醋酸混合液，冰醋酸、白糖混合液及白糖、福尔马林混合液等。

3.生活史标本制作

生活史标本是将卵、幼虫的各虫龄、蛹、成虫(雌虫和雄虫)及为害状，装在一个标本盒内，再在标本盒的左下角放上标签。在教师的指导下制作或观察昆虫生活史标本。

此外，可以将微小昆虫如蓟马、蚜虫、赤眼蜂等或其他昆虫的口器、触角、足、翅、外生殖器等制成永久玻片标本，也可以利用聚甲基丙酸甲酯制作包埋昆虫标本。

(三)标本保存

制成的昆虫针插标本必须放在有防虫药品的标本盒里，分类收藏在标本柜中；玻片标本放在玻片标本盒里；三角纸包保存的标本放在存放箱内。注意避日晒、潮湿和灰尘，防止褪色、发霉及虫蛀、鼠害。

四、训练步骤方法

(1)采集当地各种昆虫　采集当地各种昆虫，让学生逐一认识并能辨别害虫和天敌。

(2)整理并制作标本　根据不同昆虫种类，采取不同的昆虫标本制作方法。

(3)标本保存　昆虫标本保存。

五、技能考核标准及配分

本技能满分100分，要求达到80分以上。

(1)能够按照要求采集标本　学生按要求每人采集昆虫20种以上。　40分

(2)能够用不同方法制作标本　学生按要求每人制作昆虫标本10件以上。　30分

(3)正确保存标本　学生叙述昆虫标本的保存方法。　30分

六、作业

写一份昆虫标本采集、制作及初步鉴定的实训总结报告。

综合训练五十一　植物病害标本的采集、制作和保存

一、训练目的

学习采集、制作和保存植物病害标本的方法;通过标本采集、制作和鉴定,熟悉当地农作物常见病害种类、识别特征和发生情况。

二、训练场所、用具及材料

(1)训练场所　实训基地和实验室内。

(2)用具及材料　标本夹、标本纸、采集箱、剪刀、小刀、小毛笔、铅笔、镊子、记录本、标签、塑料袋、剪枝剪、纸袋、体视显微镜、显微镜、放大镜、载玻片、盖玻片、挑针、标本瓶、大烧杯、酒精灯、滴瓶及常用植物病害标本保存液等。

三、训练内容

(一)病害标本采集用具及使用方法

(1)标本夹　用以夹压各种含水分不多的枝叶病害标本,多为木制的栅状板。

(2)标本纸　应选用吸水力强的纸张,可较快吸除枝叶标本内的水分。

(3)采集箱　采集较大或易损坏的组织如果实、木质根茎,或在田间来不及压制的标本时用。

(4)其他　剪枝剪、小刀、小锯及放大镜、纸袋、塑料袋、记载本、标签等。

(二)采集标本应注意的问题

(1)症状典型　要采集受病部位的典型症状,并尽可能采集到不同时期不同部位的症状,以及各种变异范围内的症状;另外,同一标本上的症状应是同一种病害的,当多种病害混合发生时,更应进行仔细选择。

(2)病症完全　采集时,一定要采集有病症的标本,以便做进一步鉴定。真菌病害的病原一般分无性、有性两个阶段。应尽量在不同的适当时期分别采集。许多真菌的有性子实体常在地面的病残体上产生,也应注意采集。

(3)要随采集随压制,防止干燥卷缩给整理造成困难　如禾本科作物叶部病害标本更要随采集随压制或用湿布包好,防止变形;对于含水量少的豆科植物的病叶

标本，应随采集随压制，以保持标本的原形；含水量多的标本，如甜菜、油菜等植物的叶片标本，应自然散失一些水分后，再进行压制；有些标本制作时可适当加工，如标本的茎过粗或叶子过多，应先剪掉一部分再压制，防止标本因受压不匀，或叶片重叠而变形。有一些需全株采集的标本，可将标本折成适当形状后再压制。

(4)避免混杂　采集时对容易混淆污染的标本要分别用纸夹(包)好，以免鉴定时发生差错，对于容易干燥卷缩的标本，如禾本科作物病害，应随采随压，或用湿布包好，防止变形。

(5)采集记载　没有记录的标本完全失去了它的意义。标本必须有寄主名称，这是鉴定病害的前提，如果寄主不明，鉴定时困难就很大。此外，记录内容还应包括：标本编号、采集地点、生态环境(坡地、平地、沙土、壤土等)、采集日期(年月日)、采集人姓名、病害危害情况(轻、重)等。标本应挂有标签，同一份标本在记录本和标签上的编号必须相符，以便查对。

(三)标本的制作与保存

1. 干燥标本的制作与保存

(1)标本采集　对于含水量少的标本，如禾本科、豆科植物的病叶标本，应随采随压，以保持标本的原形；含水量多的标本，如甘蓝、大白菜、番茄等植物的叶片标本，应自然散失一些水分后，再进行压制；有些标本制作时可适当加工，如标本的茎或枝条过粗或叶子过多，应先将枝条劈去一半或去掉一部分叶子再压，以防标本因受压不匀，或叶子重叠过多而变形。有一些需全株采集的标本，可将标本折成适当形状后压制。压制标本时应附有临时标签，临时标签上只需记录寄主和编号即可。

(2)标本整理　为了避免病叶类标本变形，并使植物组织上的水分易被标本纸吸收，标本夹好后，要用绳将标本夹扎紧，放到干燥通风处，同时要注意勤换标本纸，使标本尽快干燥，避免发霉变质。干燥后的标本移动时应十分小心，以防破碎；对于果穗、枝干等粗大标本，可在通风处自然干燥即可，注意不要使其受挤压而变形。

(3)标本保存　标本经选择整理后，连同采集记载一并放入牛皮纸袋中或普通盒中保存，把标签贴在纸袋上，然后按寄主或病原分类存放，存放时要避免受潮，严防虫蛀。采集、识别当地主要作物病害，并按教师指定要求分别制成蜡叶标本、浸渍标本或封片标本，并写出主要标本的标签和采集记载。

2. 浸渍标本的制作与保存

植物病害有许多是果实病害，可制成浸渍标本。在教师的指导下，根据标本的颜色，选择保存液的种类，如绿色标本可用醋酸铜浸渍液，红色标本可用瓦渣浸渍液，黄色标本可用亚硫酸浸渍液保存。

制成的标本应在教师的指导下进行选择整理，将标签填写完整一并放入蜡叶标本袋或蜡叶标本盒中保存，在标本袋或标本盒上也要贴上标签，然后按寄主或病原分类存放，存放时要避光照、潮湿、灰尘，防止虫蛀存放于标本瓶中，并贴好标签。

另外，农作物病害的病原物还可以制成玻片标本永久保存。

四、训练步骤方法

（1）参观现有标本，增强感性认识　准备过去制作的较好的标本，让学生参观学习，认识标本。

（2）采集植物病害标本　采集当地各种植物病害标本，让学生逐一认识并能辨别症状是否典型。

（3）整理并制作标本　根据各种不同植物病害标本，采取不同的病害标本制作方法。

（4）标本保存　植物病害标本保存。

五、技能考核标准及配分

本技能满分100分，要求达到80分以上。

（1）正确采集标本　学生按要求每人采集植物病害20种以上。　40分

（2）正确制作标本　学生按要求每人制作植物病害标本10件以上。　30分

（3）正确保存标本　学生叙述植物病害标本的保存方法。　30分

六、作业

写一份植物病害标本采集、制作与保存的实训总结报告。

综合训练五十二　农药田间药效试验

一、训练目的

掌握农药田间试验的常用方法，为正确使用农药和防治农作物病虫草害奠定基础。

二、训练场所、用具及材料

（1）训练场所　实训基地进行药效试验。

（2）用具及材料　喷雾器、量筒或天平、水桶、玻璃棒、橡胶手套、口罩、标签等，

分别选取棉铃虫和霜霉病(寄主不限)等常发生的病虫害为田间药效试验的对象，杀虫剂和杀菌剂可选取当地当前常用农药2～3个品种及一些农药新品种。

三、训练内容

(一)田间药效试验的基本要求

(1)试验地的选择要有代表性　试验地可以代表农药推广应用区域的耕作栽培条件。

(2)设置处理和参照　每种药剂要设3个以上处理剂量,每个处理应有3次以上重复,应设不施药剂(空白)对照,还应设标准药剂(生产中普遍应用的农药)的对照。

(3)小区面积　稻、麦、大豆、蔬菜等矮秆植物15～50 m^2(保护地8 m^2);玉米、高粱等高秆植物应适当多些。

(4)小区排列　可采用随机排列,也可采用对比法等。

(5)施药后记载　要详细记载施药时期、方法、次数以及影响药效的气象因素(降雨、刮风、日照、温度、湿度等)和栽培条件(施肥、灌水等)。

(二)田间药效试验的种类

(1)农药品种比较试验　测定多种农药新品种或当地尚未使用过的农药品种的药效,作为在当地推广使用的依据。

(2)农药不同剂型比较试验　确定某一农药最适合的剂型,作为生产和推广使用的依据。

(3)农药使用方法试验　包括用药量、用药浓度、用药时间、用药次数等药效比较试验,选择最经济有效的施药方法,作为推广使用的依据。

(4)药害试验　了解各种农药及不同剂型使用时的经济、有效、安全界限,使农药能真正起到防治病虫,保护作物的作用。

(三)田间药效试验小区的设置

比较农药在不同种类、不同剂型(或不同使用浓度)的防治效果。药效试验的小区面积一般为15～50 m^2,小区形状以狭长形为好,每个处理重复3次以上,并设清水处理(以CK表示)及标准药剂(生产中普遍应用的农药)为对照,常用随机区组设计,如设计两种农药的两种使用浓度(代号分别为1,2,3,4),试验小区的设计如图52-1所示。

1	3	2	4	CK
过道				
4	2	3	CK	1
过道				
3	1	CK	4	2

图 52-1　田间药效试验小区设计图

在药效试验时应保证农药配制浓度准确、施药均匀，所有处理应在短时间内完成，最长不可超过 1 d。

(四)药效试验的取样及结果计算

(1)杀虫剂药效试验　以棉铃虫为例，可采用“Z”字法 10 点取样，每个样为 1 m 行长，调查每株内层叶至外层叶的各龄幼虫数，分别记录各药剂种类、剂型或施药浓度在施药前和施药后的幼虫数。以虫口减退率表示防治效果：

$$\text{虫口减退率}=\frac{(\text{防治前活虫数}-\text{防治后活虫数})}{\text{防治前活虫数}}\times 100\%$$

$$\text{校正虫口减退率}=\frac{(\text{处理区虫口减退率}-\text{对照区虫口减退率})}{(1-\text{对照区虫口减退率})}\times 100\%$$

(2)杀菌剂药效试验　以霜霉病为例可采用对角线法 5 点取样，每个样为 1 m 行长，分别记录各处理在施药前和施药后的发病程度并计算病情指数：

$$\text{病情指数}=\frac{\sum[\text{各级病叶(株)数}\times\text{发病级别}]}{\text{调查总株叶(株)数}\times\text{分级标准最高级}}\times 100\%$$

$$\text{相对防治效果}=\frac{\text{对照区病情指数}-\text{防治区病情指数}}{\text{对照区病情指数}}\times 100\%$$

(五)试验报告基本要求

试验报告应包括试验名称、试验单位、试验目的、试验地点、试验材料(包括供试农药品种、剂型、生产厂家，供试植物种类、品种、生育期)、试验方法(包括试验设计如处理浓度和用量、空白对照、小区面积、排列方式、重复次数，施药方法如施药工具型号、施药时间、施药方式等)；施药量单位为 kg/hm^2，施药条件如施药时的温度等气候条件；试验结果(包括防治效果、药害情况等)；小结与讨论(包括对供试农药做出总体评价，提出相应的用药技术)。

四、训练步骤方法

(1)田间杀虫剂药效试验 由教师确定试验作物,学生分组绘制试验设计图,并进行各项同操作,田间杀虫剂药效试验及结果计算。

(2)田间杀菌剂药效试验 由教师确定试验作物,学生分组绘制试验设计图,并进行各项同操作,田间杀菌剂药效试验及结果计算。

(3)试验总结 将药效试验的目的、试验材料、试验方法及试验结果进行讨论并做出结论。

五、技能考核标准及配分

本技能满分 100 分,要求达到 80 分以上。

①杀虫剂药效试验方法正确。 40 分

②杀菌剂药效试验方法正确。 40 分

③试验结果分析客观准确。 20 分

六、作业

根据药效试验结果写一份药效试验报告。

综合训练五十三 种子的药剂处理

一、训练目的

掌握杀菌剂和杀虫剂及种衣剂的选择依据及原则,农药的合理使用和安全使用、混合使用的原则;熟练掌握种子的药剂处理技术。

二、训练场所、用具及材料

(1)训练场所 实验室内或田间均可。

(2)用具及材料 秤、托盘天平、背负式喷雾器、拌种器或种衣剂包衣机、1 000 mL 量筒、1 000 mL 烧杯、塑料薄膜、塑料盆、塑料桶、铁锹等,选取当地目前常用于种子处理的杀虫剂、杀菌剂、种衣剂农药各 1～2 个品种及小麦、玉米、大豆、水稻等作物种子。

三、训练内容

(一)粉剂拌种(选用三唑酮拌种)

(1)药剂　三唑酮(粉锈宁)是一种高效、低毒、低残留、持效期长、内吸性强的三唑类杀菌剂,能防治麦类白粉病、小麦根腐病、小麦散黑穗病、小麦纹枯病、玉米圆斑病、高粱、玉米丝黑穗病。

(2)用量　小麦用25%三唑酮可湿性粉剂,拌种的用量为种子质量的0.1%;玉米为种子质量的0.2%。三唑酮对作物种子发芽有一定的抑制作用,不可提高用药量。

(3)拌种方法　按种子和农药的比例计算好种子和农药的用量,用秤或托盘天平分别称量种子和农药,然后放入拌种器内,以30圈/min的转速搅拌3~4 min,使药粉全部均匀地附着在种子表面,如缺少拌种器,可将种子与药粉放在内壁光滑的容器内或光滑的地面上,充分拌匀后,即可播种。

(二)乳油拌种(选用二嗪磷拌种)

(1)药剂　二嗪磷为广谱性有机磷杀虫剂,具触杀、胃毒和熏蒸作用,并有一定的内吸作用,对鳞翅目、同翅目等多种害虫有较好的防治效果。二嗪磷不能与碱性农药混用,注意安全,防止中毒。

(2)用量　防治地下害虫用量为50%二嗪磷乳油500 mL加水25 kg,可拌玉米、高粱种子300 kg或小麦种子250 kg。

(3)拌种方法　按种子和农药的比例分别计算好用量,分别用秤称量种子,用量桶量取药液和水,将药液和水倒入塑料桶中,待药液混合均匀后,用背负式喷雾器均匀地喷洒在玉米、高粱或小麦等种子上。喷洒要均匀,边喷边翻动种子,药液喷完后堆放数小时,待药液全部被种子吸收,即可播种。

(三)药剂浸种(选用福·酮可湿性粉剂)

(1)药剂　45%福·酮可湿性粉剂是福美双和三唑酮的复配剂,可以防治水稻多种病害,防治水稻恶苗病效果好,不要与其他农药混用。

(2)用量　用45%福·酮300~600倍液浸种,如用100 g可湿性粉剂加水50 kg浸40 kg种子。

(3)浸种方法　药液要高出种子5~10 cm,防止种子吸水膨胀露出水面而影响浸种效果。北方播种前气温较低可浸5~7 d,南方可短些。每天搅动1~2次,浸种后可直接催芽播种。

(四)种子包衣(选用多克福种衣剂)

(1)药剂　35%多克福种衣剂,有效成分为多菌灵15%、福美双10%、克百威

(呋喃丹)10%,是杀菌剂与杀虫剂的复配剂,含多种微量元素,具有防病、治虫、肥效三重作用。防治大豆幼苗期根腐病,大豆生长前期胞囊线虫病,大豆幼苗期的根潜蝇、蓟马、二条叶甲、蚜虫、地下害虫及幼苗缺素症等。

(2)用量　35%多克福种衣剂的用量为大豆种子质量的1%～1.5%。

(3)包衣方法　调整好拌种器或种衣剂包衣机的转动速度;准确计算和称量种子投入量和种衣剂用量;先将种子倒入拌种器或种子包衣机中,再倒入种衣剂;要立即搅拌,搅拌速度要均匀,待每粒种子均匀着粉红色时即可出料,出料后种子不能再搅动,以免破坏药膜。包衣后的种子不要晾晒。

种子与种衣剂称量要准确,搅拌速度要均匀,最好用机械搅拌保证包衣品质,如用人工包衣时,每次包衣的种子量不能过多,翻动种子速度要快,使种子均匀着药;如果发现包衣种子结块,说明该种衣剂成膜不好,不能使用,一定要做到粒粒种子均匀着色;严禁向种衣剂内加其他农药、水和营养元素;种衣剂受冻后胶体被破坏便失去应用价值。

四、训练步骤方法

(1)确定种子处理方法　教师提供部分种子,学生讨论确定种子处理的方法。

(2)粉剂拌种　学生分组,掌握粉剂拌种技术。

(3)可湿性粉剂拌种

(4)乳油药剂浸种　学生分组,掌握乳油浸种技术。

(5)种子包衣　学生分组,掌握种子包衣技术。

五、考核标准及配分

本技能满分100分,要求达到80分以上。

(1)药剂拌种　几种剂型的药剂,要求同学准确掌握药剂拌种技术和使用量。30分

(2)药剂浸种　几种剂型的药剂,要求同学准确掌握药剂浸种时间和使用量。30分

(3)种子包衣　几种剂型的药剂,要求同学准确掌握种子包衣技术。　40分

六、作业

农药拌种或浸种,用量不当(过高或过低)会产生的结果。

综合训练五十四 作物害虫识别与防治

一、训练目的

了解当地主要栽培作物发生的主要害虫的形态特征及识别要点；掌握当地主要栽培作物常发生的主要害虫；进一步熟悉害虫识别与防治的方法。

二、训练场所、用具及材料

(1)训练场所 实训基地和实验室内。

(2)用具及材料 体视显微镜、放大镜、镊子、解剖刀、小剪刀、挑针、培养皿，当地主要栽培作物的主要害虫及各虫态的针插标本、浸渍标本、生活史盒装标本、玻片标本及有关挂图和课件。

三、训练内容

(一)农作物常见害虫及特征

农作物害虫种类较多，其主要种类及特征特性见表54-1至表54-6。

表54-1 农作物常见害虫识别(直翅目)

常见种类	主要特征
东亚飞蝗、中华稻蝗	触角丝状短于体长，听器位于第1腹节两侧，后足跳跃足，产卵器凿状，尾须短，不分节 主要取食水稻、小麦、谷子、高粱、大豆、甜菜、薯类和杂草等多种植物
东方蝼蛄、华北蝼蛄	触角短于体长，听器位于前足胫节内侧，前足开掘足，前翅短，后翅长于腹末，尾须长，产卵器不外露 属于地下害虫类，主要取食粮食、棉花、油料等多种植物
花生大蟋蟀、姬蟋蟀	触角长于体长，听器位于前足胫节内侧，后足跳跃足，雄虫发音器位于前翅基部，雌虫产卵器呈剑状，尾须长 属于地下害虫类，主要取食粮食、棉花、油料等多种植物的根部
日本螽斯、露螽	触角长于体长，听器位于前足胫节基部，翅发达，也有短或无翅类型。产卵器发达，呈刀状，尾须短小 主要取食粮食、棉花、油料作物等多种植物

表 54-2 农作物常见害虫识别(半翅目)

常见种类	主要特征
稻绿蝽、菜蝽	体小至中型,触角多为5节;中胸小盾片发达,三角形;前翅膜区有纵脉,且多出自一条基横脉上 主要取食粮食、棉花、油料作物等多种植物
绿盲蝽、烟草盲蝽	多数小型,触角4节,无单眼,前翅分为革区、楔区、爪区和膜区,膜区有2个翅室 主要取食粮食、棉花、油料作物等多种植物
黄刺蝽、白带猎蝽	体中型,有单眼,触角4节;喙短而呈弯钩状,不紧贴于腹,前翅无楔区,膜区有2个翅室并伸出2条纵脉,肉食性,利用刺吸口器释放毒素,使猎物很快失去反抗能力而平静地享受美食 主要捕食蚜虫、蓟马、介壳虫、螨类的各个虫态

表 54-3 农作物常见害虫识别(同翅目)

常见种类	主要特征
黑尾叶蝉、棉叶蝉	头部宽圆,触角刚毛状,生于两复眼间,前翅革翅,后翅膜翅,后足胫节密生两列刺 主要取食棉花、粮食、油料作物等多种植物
稻沫蝉、鞘翅沫蝉	体卵型,有2个单眼;前胸背板大,但盖不住中胸小盾片。前翅革翅,长过腹部,爪区脉纹分离;后足胫节有两侧刺,第1,2跗节有端刺 主要取食水稻等其他粮食作物
褐飞虱、白背飞虱	头部窄于胸,触角锥状,生于两复眼之下,前翅膜翅,后足胫节末端有一个能活动的距 主要取食水稻及其他粮食作物
玉米蚜、大豆蚜、棉蚜	体小而柔软,触角丝状,膜翅,前翅有翅痣,腹部第6或第7节背面两侧有一对腹管,腹末有尾片 主要取食玉米及其他粮食作物

表 54-4 农作物常见害虫识别(鳞翅目)

常见种类	主要特征
二化螟、三化螟	体细长,腹末尖削。触角丝状,下唇须发达前伸或上弯 主要取食水稻、玉米、谷子、小麦、高粱等作物
小地老虎、粘虫	体中至大型,色深暗,体粗壮多毛。触角丝状或齿状。前翅狭,后翅宽。斑纹明显 主要取食粮食、油料等多种作物

续表 54-4

常见种类	主要特征
黄腹星灯蛾	体小至中型，少数大型。体色较鲜艳，常为红色或黄色，多具条纹或斑点；翅常有鲜艳色斑 主要取食粮食、油料等多种作物
棉大造桥虫、枣尺蛾	小至大型，体细长，翅大而薄，前后翅颜色相似并常有条纹连接，静止时，前后翅平展，有些种类雌成虫无翅；幼虫 2 对腹足 主要取食粮食、油料等多种作物
大豆食心虫	体小，多数黄褐、灰色，有杂色斑点，但前翅前缘无翻折部分，前缘有 1 列白色的钩状纹 主要取食大豆
甘薯麦蛾、棉红铃虫	小型，色深暗。下唇须向上弯曲，伸过头顶。前翅呈柳叶形，后翅菜刀形。翅后缘有长缘毛 主要取食薯类、棉花等作物
甘薯天蛾、豆天蛾	大型，粗壮，纺锤形。触角中部加粗，末端成钩状。喙发达，有时超过体长。前翅大而窄，顶角尖，后翅小 主要取食薯类、油料等作物

表 54-5 农作物常见害虫识别(鞘翅目)

常见种类	主要特征
大黑鳃金龟	中至大型，鳃叶状触角，前足开掘足，腹末常外露。属于地下害虫类 主要取食粮食、棉花、油料等多种植物
细胸叩头虫、褐纹叩头虫	属于地下害虫类，小至中型，体狭长，末端尖削，略扁；前胸背板后侧角突出成锐刺；前胸腹板中央有 1 齿突，插入中胸腹板的凹沟内，组成弹跃构造，虫体受压时，作“叩头”状 主要取食粮食、棉花、油料等多种植物
豌豆象、蚕豆象	小型，体卵圆形；触角锯齿状、栉齿状或棒状；鞘翅末端平截，腹末外露 主要取食粮食、油料等作物
甘薯小象甲、米象	小至大型，头部前端延长成象鼻状，咀嚼式口器，膝状触角 主要取食薯类、粮食等作物

表 54-6 农作物常见害虫识别(双翅目)

常见种类	主要特征
麦红吸浆虫、稻瘿蚊	体小纤细,似蚊;触角念珠状,复眼发达或左右愈合,足细长;前翅只有3~5条纵脉,基部仅有1个基室 主要取食水稻、小麦等多种植物
豌豆潜叶蝇、小麦黑潜蝇	小或微小型,淡黑或淡黄色;翅宽大,前缘近基部1/3有折断处 主要取食水稻等多种植物
麦秆蝇、稻秆蝇	体小型,绿色或黄色,触角芒生于背面基部,前翅前缘有一折断处 主要取食水稻、小麦等多种植物
种蝇、葱蝇	体小纤细,似蚊;触角念珠状,复眼发达或左右愈合,足细长;前翅只有3~5条纵脉,基部仅有1个基室 主要取食水稻、小麦等多种植物

(二)农作物常见害虫的综合防治

防治害虫的基本原则,必须遵循植保工作方针,即应该贯彻执行"预防为主,综合防治"的八字方针。防治害虫的各种方法,都有自己的长处与短处,因此不能单纯依靠一种方法来解决虫害问题,必须使各种有效的方法互相配合起来,取长补短,才能经济、安全、有效地防治害虫。目前,防治害虫的主要方法还是以化学防治为主,采用化学防治应注意以下几点。

(1)合理用药提高药效　根据害虫的为害习性和为害特点,合理用药。

(2)适时用药　了解各种害虫为害虫态和为害习性,掌握最佳防治时期适时用药(幼虫幼龄阶段抗药能力差,有的害虫有群居为害习性)。

(3)对症下药　不同种类的害虫应使用不同作用的药剂。

(4)安全用药防止药害　主要是指对植物的安全,对有益微生物的安全和对人、畜的安全。

(5)避开天敌高峰期用药,注意保护天敌

四、训练步骤方法

(1)识别各种农业害虫标本　识别各种昆虫标本,熟练掌握农作物害虫的主要特点。

(2)田间调查　学生分组或个人到田间调查,熟悉当地每种栽培作物的主要害虫、常发生害虫、偶发性害虫,分别制定综合防治措施。

(3)识别田间害虫各个虫态　重点识别害虫的为害虫态和非为害虫态,掌握最佳防治适期。

(4)根据寄主及被害状的特点识别害虫种类　教师提供不同寄主和被害状,让学生识别害虫种类。

五、考核标准及配分

本技能满分 100 分,要求达到 80 分以上。

(1)农业害虫识别　要求同学准确识别、分辨出各种害虫的名称。　30 分

(2)常见害虫虫态识别　掌握当地常见害虫各个虫态的特征并进行综合防治。　30 分

(3)化学防治方法　正确选择防治方法。　40 分

六、作业

按农作物和昆虫分类系统分别撰写当地农作物害虫和天敌名录。

综合训练五十五　作物病害识别与防治

一、训练目的

识别当地主要栽培作物和其他作物主要病害及常发生的病害症状特点;熟悉病害识别方法并制定综合防治措施。

二、训练场所、用具及材料

(1)训练场所　实训基地和实验室内。

(2)用具材料　显微镜、放大镜、挑针、镊子、解剖刀、小剪刀、载玻片、培养皿、盖玻片、纱布、滤纸、无菌水等,当地主要栽培作物的主要病害,以及其他作物主要病害的新鲜标本、腊叶标本、浸渍标本、病原玻片标本、有关挂图和课件等。

三、训练内容

(一)农作物常见病害及特征

农作物病害种类较多,其主要种类及特征特性见表 55-1 至表 55-4。

表 55-1　水稻常见病害

病害种类	主要识别特征
水稻烂秧、稻苗绵腐病	受害部出现乳白色的胶状物，逐渐向四周长出白色绵絮状物，常因氧化铁沉淀或藻类、泥土黏附而呈铁锈色、泥土色或绿褐色。病苗常因基部腐烂而枯死
稻曲病	一穗中只有部分子粒颖壳变成稻曲病粒，比健粒大 3～4 倍，黄绿色或墨绿色
水稻纹枯病	病斑云纹状，后期产生鼠粪状菌核
稻瘟病	苗瘟：苗基部及叶黄褐色，有青灰色霉层，苗枯死 叶瘟：本田叶部发病，病斑连成片时叶片红褐色枯死，叶背有褐绿色霉层 节瘟：病节凹缩黑褐色，易折，形成白穗 穗颈瘟：穗茎褐色病斑，有青灰色霉层，秕谷或白穗 谷粒瘟：稻谷暗灰色或灰白色的秕粒，病斑为椭圆形或不规则形的褐色斑点，严重时，谷粒不饱满，米粒变黑
水稻细菌性条斑病	沿叶脉扩展形成淡黄色狭条斑，形成鱼籽状菌脓

表 55-2　玉米常见病害

病害种类	主要识别特征
玉米弯孢霉叶斑病	病斑初为黄色半透明水渍状小点，扩大后为圆形、椭圆形、梭形或长条形，潮湿时病斑正反面均可产生灰黑色霉状物
玉米大斑病	叶片上出现梭形大斑，病斑表面常密生一层灰黑色的霉状物
玉米小斑病	叶片上有较多的黄褐色椭圆形小病斑，湿度大时病部有灰黑色霉层
玉米黑粉病	病部形成大的畸形病瘤。病瘤成熟后，外膜破裂，散出大量黑粉

表 56-3　小麦常见病害

病害种类	主要识别特征
麦类锈病	可分条锈、叶锈、秆锈 3 种，它们的共同特点是在被害处产生黄褐色夏孢子堆，后期在病部生成黑色的冬孢子堆
小麦赤霉病	苗枯：种子带菌引起苗枯，使芽鞘和根鞘变成黄褐色、水渍状腐烂，地上部叶色发黄，重者幼苗出土不久即死亡 基腐：麦的茎基部变褐腐烂，严重时整株枯死 穗腐：几个小穗或整穗受害，小穗被害初期在基部变成水渍状，后逐渐褪色失绿呈褐色病斑，潮湿时在颖壳合缝处及小穗基部产生粉红色霉层

续表 56-3

病害种类	主要识别特征
麦类黑穗病	麦类黑穗病的共同特点是破坏穗部产生大量的黑粉
小麦白粉病	最初在病部产生黄色小点，以后逐渐扩大为圆形或椭圆形的病斑，在叶片上产生一层白粉状霉层，后期霉层逐渐变为灰白色

表 55-4　大豆常见病害

病害种类	主要识别特征
大豆霜霉病	叶片出现褪绿斑块，潮湿时叶片背面褪绿部分产生厚的灰白色霉层
大豆胞囊线虫病	病株明显矮化，叶片褪绿变黄，须根上附有大量黄白色的球状物
大豆疫霉根腐病	苗期发病，根或茎基部腐烂，根部变褐，在茎上可出现水渍状斑，叶片萎蔫、黄化死苗。成株发病，上部叶片褪绿，植株逐渐萎蔫，下部叶片脉间变黄，叶片凋萎而悬挂在植株上。后期病茎的皮层及维管束组织均变褐
大豆菌核病	地上部发病，产生苗枯、叶腐、茎腐、荚腐等症状，最后导致全株腐烂死亡。茎秆发病病斑不规则形、褐色，可扩展环绕茎部并上下蔓延，造成折断。潮湿时产生絮状菌丝，形成黑色鼠粪状菌核。后期干燥时茎部皮层纵向撕裂，维管束外露呈乱麻状

(二)农作物常见病害的综合防治

在制定综合防治措施时应有全局观念，遵循“预防为主，综合防治”植保工作方针，既要考虑当前的防治效果和经济效益，也要考虑长远的环境效益；同时综合防治决不是各种措施简单的累加，更不是措施越多越好，而是要根据病害发生的具体情况，合理运用各种措施获得最佳防治效果。在病害防治工作中，要有主次之分，重点控制主要病害，对次要病害密切注意发展变化，并逐步解决。

植物病害的发生和流行，是寄主植物和病原在环境条件影响下相互作用的结果，所以病害防治措施的制定也多从病害三角入手。寄主植物方面：使用抗病品种或提高植物抗病性；病原方面：压低其越冬数量或防止其传播和侵染；环境条件方面：提高栽培管理水平，创造不利于病原而利于寄主植物的环境条件。

植物病害的具体防治措施可归纳为：植物检疫、农业防治法、选育和利用抗病品种、生物防治法、物理防治法和化学防治法。

采用化学防治时则应注意：合理用药；对症下药；适时用药，病害发生初期药剂保护等。

四、训练步骤方法

(1)识别作物病害标本的症状　识别各种病原引致的植物病害标本，掌握各种农作物主要病害的症状和病原特点，熟练指出供试标本各属于何种病原物引致的病害。

用挑针分别挑取供试标本的病部的病原物制片用显微镜镜检，观察病原菌的特征，指出该病害的病原类型，症状不典型时，可用显微镜观察病原物，如果病征不明显或没有病征时，可进行保湿培养，待病原菌长出来后再进行镜检观察。

(2)田间调查　学生分组田间调查当地每种栽培作物主要病害、常发生病害、偶发性病害，分别制定综合防治措施。

(3)根据病害特点制定出防治适期和综合防治方法　针对田间调查所确定的作物病害种类，制定相应的防治措施。

五、考核标准及配分

本技能满分 100 分，要求达到 80 分以上。

(1)作物病害标本识别　若干作物病害标本，要求学生准确识别病害症状，分辨出各属于哪种病害类型。　30 分

(2)田间常见作物病害识别　教师提供田间采用的植株病害标本，要求学生正确识别。　30 分

(3)病害防治　学生对所发生病害提出正确的防治措施。　40 分

六、作业

按农作物种类撰写当地农作物病害名录。

综合训练五十六　农作物病虫害田间调查与统计

一、训练目的

通过当地各主要作物病虫害调查，了解当地某一时期病虫发生情况；熟悉主要病虫害的为害特点和发生特点；鉴别和识别常见病虫害种类；对作物病虫害进行田间调查统计，熟练掌握病虫害田间调查与统计的方法。

二、训练场所、用具及材料

(1)训练场所　实训基地。

(2)用具及材料　皮尺、记载本、铅笔、计算器、扩大镜及标本采集用具等。

三、训练内容

(一)病虫发生和为害情况调查

了解一个地区在一定时间内的病虫发生及为害情况,一般可分为一般调查和重点调查。一般调查主要了解一个地区的病虫种类、发生期、发生量及危害程度等,病虫害的调查以田间调查为主,根据调查的目的,选定适当的调查时间。一般来说,了解病虫基本情况,多在病虫盛发期进行,这样比较容易正确反映病虫发生情况和获得有关发病因素的对比资料,对于重点病虫的专题研究和预测预报等,则应根据需要分期进行,必要时还应定点调查。重点调查病虫害的始发期、盛发期、盛发末期及数量消长规律等。除了调查其发生时间和数量、危害程度外,还需调查该病或害虫的生活习性、发生规律及寄主范围等。

病虫不同,其调查方法各异,正面是棉蚜和杂谷螟虫的调查方法。

(1)棉蚜调查方法　棉苗出土后,应开始定期进行调查(3～5 d 1 次)。具有代表性的棉田内用五点取样法,各点随机取样 20 株进行调查。每株记载上、中、下三片叶上有翅蚜、无翅蚜、若蚜的虫口数量、棉田卷叶情况、天敌种类和数量,观察棉苗生长情况、天气等,将结果记载,最后确定防治指标。

(2)杂谷螟虫调查　如果在玉米或高粱地里调查,可采用五点取样,每点 20 株,全田共选 100 株;谷子田采用棋盘式取样,每块地 10 点,每点两行(相隔 3 行),每行长 1 m,逐株、逐叶检查,将结果记载,最后确定防治指标。

(二)病虫及天敌发生规律的调查

调查某种重要病虫害或新发生的病虫害或天敌的寄主范围、发生世代、病虫越冬场所、越冬基数、越冬虫态、病原越冬方式等主要习性及不同生态条件下的数量变化情况。

(三)损失估计

施药前与施药后病虫发生程度或密度的对比调查;施药区与对照区的发生程度对比及不同防治措施、时间、次数的对比调查等。

(1)病虫害的田间分布类型　不同的病虫害在田间的分布形式不同。通常有 3 种分布类型:一是随机分布型,指病虫在田间分布是稀疏的,个体间的距离不等,但比较均匀;二是核心分布型,指病虫在田间不均匀地呈多个小集团心分布,集团的核心内部是密集的，而核心之间是随机分布的；三是嵌纹分布型，指病虫害在田间呈不规则、疏密相间的不均匀分布。

(2)调查取样方法　取样方法有多种，可根据病虫在田间的分布不同而采取不同的取样方法。无论采用何种取样，总的原则是最大限度的缩小误差。常用的取样方法有五点取样、棋盘式取样、对角线取样(适用于病虫随机分布型)、平行线取样和“Z”字形取样(适用于核心分布和嵌纹分布型)。

(3)取样单位　取样单位因病虫种类、分布方式和作物品种不同而异。常用的有以下几种。

①长度单位(m)：适用于调查麦类等条播密植作物上的病虫害。

②面积单位(m^2)：运用于调查地下害虫和密集作物或作物苗期病虫害。

③质量单位(kg)：多用于调查粮食、种子中的病虫害。

④植株和部分器官为单位：适用于调查全株或茎、叶、果等部位上的病虫害。

⑤网捕为单位：即以一定大小口径捕虫网的扫捕次数为单位，多用于调查虫体小而活动性大的害虫。

此外还有以质量、体积为单位，如调查仓库害虫的虫口密度；诱集器械，以黑光灯、孢子捕捉器、谷草把、糖醋盆等诱集器械，在单位时间内诱捕的病虫数为取样单位。

(4)调查资料的计算及整理　调查中所获得的数据必须进行整理，才能简明准确地反映客观实际情况，便于分析比较。常用的统计方法：

①被害率。反应病虫发生或危害的普遍程度。其计算公式为：

$$被害率=\frac{有虫(或发病)样本数}{调查样本总数}\times 100\%$$

②虫口密度。表示一个单位内的虫口数量，常用百株虫口密度或每平方米虫口密度表示。

$$百株虫数=\frac{调查所得总虫数}{调查总株数}\times 100\%$$

③病情指数。在植株局部被害的情况下，各受害单位的受害程度是不同的。用发病率表示不了受害程度，需按被害的严重程度分级，再以病情指数表示。其计算公式为：

$$病情指数=\frac{\sum[各级病叶(株)数\times 发病级别]}{调查总株叶(株)数\times 分级标准最高级}\times 100\%$$

(4)损失估计　少数病虫如小麦散黑穗病的发病率，三化螟的白穗率接近或等于损失率外，大部分病虫的被害率与损失率不一致。病虫所造成的损失应以生产水平相同的受害田与未受害田的产量或经济产值对比来计算。

$$损失率=\frac{未受害区产量(产值)-受害区产量(产值)}{未受害区产量(产值)}\times 100\%$$

四、训练步骤方法

(1)病虫田间调查　学生分组调查常见病虫的发生时间、数量和危害程度，还需调查某一病或害虫的发生规律及寄主范围，按照病虫在田间的分布类型而确定田间调查方法。

(2)损失估计　学生分组调查害虫在田间的虫口密度，被害株率和病情指数，最后估计损失率。

五、技能考核标准及配分

本技能满分 100 分，要求达到 80 分以上。

(1)病虫田间调查　根据病虫分布与发生情况而确定田间调查取样方法。
50 分

(2)损失率估计　选取当地 1～2 种作物病虫害进行调查，计算发病率及病情指数或虫口密度后并计算损失率。
50 分

六、作业

写出实训报告。

综合实训五十七　农作物病虫害综合防治方案的制定

一、训练目的

通过学习和制定农作物病虫害综合防治方案，了解作物病虫害综合防治的基本内容；掌握制定当地主要农作物病虫害的综合防治的方法，能结合实际撰写出技术水平较高的方案，并会实施或指导实施；熟悉当地各种防治措施及当地农作物病虫害的发生发展规律、自然条件和生产条件。

二、训练场所、用具及材料

(1)训练场所 当地气象站、农业站和植保站等资料库和实验室。

(2)用具及材料 纸、笔、过去的综合防治方案、当地气象资料、栽培品种介绍、栽培技术措施方案和病虫害种类及分布情况等资料。

三、训练内容

(一)制定农作物病虫害防治方案的原则和要求

(1)预防为主、综合防治 制定农作物病虫害防治方案要贯彻“预防为主、综合防治”的植保工作方针,病虫害的防治要保证、服务服从于农作物高产、优质、高效益的生产目标。

(2)注重多方面效益 从生态学和农业生态学的观点出发,全面考虑农业生态平衡、保护环境、社会效益和经济效益。将主要害虫的种群和主要病害的发生危害程度控制在经济损害水平以下。充分利用农业生态系统中各种自然因素的调节作用,因地制宜地将各种防治措施,如植物检疫、农业防治、物理机械防治、生物防治和化学防治等纳入当地农作物生产技术措施体系中,以获得最高的产量,最好的产品质量,最佳的经济、生态和社会效益。

(3)从实际出发,量力而行,有可操作性

(二)农作物病虫害综合防治方案的类型

(1)以地区为主 以某一地区,如村、乡(镇)、县、市、省为对象,制定“×××县(乡、村等)农作物病虫害综合防治方案”。

(2)以作物为主 以一种作物为对象,如制定“玉米病虫害综合防治方案”。

(3)以病虫害为主 以一种主要病虫害为对象,如制定“玉米螟综合防治方案”。

(三)农作物综合防治方案的基本内容

(1)标题 ×××综合防治方案。

(2)单位名称 ×××。

(3)前言 根据方案类型概述本区域、作物、病虫害的基本情况。

(4)正文包括

①基本生产条件。气候条件分析、土壤肥力、施肥水平和灌溉等基本生产条件。

②主要栽培技术措施。前茬作物种类、栽培品种的特性、肥料使用计划、灌水量及次数、田间管理和主要技术措施指标等。

③发生的主要病虫害种类及天敌控制情况分析。

④综合防治措施。根据当地具体情况，依据作物及主要病虫害发生的特点统筹考虑、确定各种防治措施的整合。

在正文中，要以综合防治措施为重点，按照制定农作物病虫害防治方案的原则和要求具体撰写。

(四)农作物综合防治方案的制定

(1)做好基础工作　了解当地农作物的丰产栽培技术；了解并掌握当地农作物栽培品种的抗病性和抗虫性等特征；了解并掌握当地农作物主要病虫害及常发生病虫害的种类、发生情况和发生规律；了解分析当地气候条件对该作物生长发育和对主要病虫害种类的影响；了解分析当地土壤状况、前茬作物种类及对作物生产和主要病虫害发生发展的影响。

(2)制定病虫害防治综合防治方案

四、训练步骤方法

(1)分析农作物病虫害防治方案案例　教师找出一份比较完善的某一年的农作物病虫害防治方案作为案例，和学生一起分析，了解该方案的形式、内容、优缺点等。

(2)设定农作物病虫害防治方案　学生以个人或者分小组调查当地气象资料、栽培品种介绍、栽培技术措施方案和病虫害种类及分布情况等，根据过去的综合防治方案，以“预防为主，综合防治”植保方针为依据制定当年切实可行的病虫害综合防治方案。

五、考核标准及配分

本技能满分100分，要求达到60分以上。

①制定农作物病虫害防治方案原则。　30分

②农作物病虫害防治方案格式正确。　20分

③内容全面，符合实际，操作性强。　30分

④字迹工整，语言流畅，用词准确。　20分

六、作业

制定一份年度农作物病虫害综合防治方案。

参 考 文 献

1. 农业部人事劳动司. 农业职业技能培训教材编审委员会组织编写. 作物种子繁育员. 北京：中国农业出版社，2004.
2. 李静，李英峰，房业英. 完善制种程序 提高种子质量. 种子科技，2006(6).
3. 杜鸣銮. 种子生产原理和方法. 北京：中国农业出版社，1993.
4. 吕爱枝，靳占忠. 作物遗传育种. 北京：高等教育出版社，2005.
5. 杨镇，才卓，景希强，等. 东北玉米. 北京：中国农业出版社，2007.
6. 江苏省南通农业学校. 作物遗传与育种学(下册). 北京：中国农业出版社，1995.
7.《职业技能鉴定教材》,《职业技能鉴定指导》编审委员会. 农艺工. 北京：中国劳动出版社，1996.
8. 官春云. 作物育种学实验. 北京：中国农业出版社，2003.
9. 尚耀. 杂交高粱制种技术. 赤峰日报. 2007 年 7 月 11 日.
10. 郭才，霍志军. 植物遗传育种及种苗繁殖. 北京：中国农业大学出版社，2006.
11. 王化春，陈复初，陈淑君. 杂交水稻制种不同生育期花期调节技术. 种子科技，2003(6).
12. 范东恩. 水稻种子贮藏应注意的问题. 种子科技，2007(4).
13. 李瑞祥. 小麦种子安全贮藏的技术措施. 种子科技，2006(1).
14. 王江. 水稻种子冬季贮藏技术. 中国种业，2006(6).
15. 高俊芳. 搞好种子安全贮藏的技术措施. 种子科技，2007(1).
16. 李银生，白海平. 浅谈玉米种子的贮藏保管. 种子科技，2007 (2).
17. 金建猛，任丽. 影响花生种子安全贮藏的原因与对策. 种子科技，2007(3).
18. 胡晋，谷铁城. 种子贮藏原理与技术. 北京：中国农业大学出版社，2001.
19. 范东恩. 水稻种子贮藏应注意的问题. 种子科技，2007(4).
20. 中华人民共和国国家标准. 农作物种子生产技术操作规程(一). GB/T 17314～17319—1998. 北京：中国标准出版社，1998.
21. 李振陆. 植物生产综合实训教程. 北京：中国农业出版社，2003.
22. 刘玉凤. 作物栽培. 北京：高等教育出版社，2005.
23. 颜启传. 种子学. 北京：中国农业出版社，2001.
24. 贾希海，刘善江，王萍. 怎样识别假种子假化肥假农药. 北京：中国农业出版社，2007.

25. 吴玉娥，刘明久. 农艺实践与技能. 北京：中国农业大学出版社，2006.
26. 金文林. 农事学. 北京：中国农业大学出版社，2000.
27. 职业技能鉴定教材，职业技能鉴定指导编审委员会. 农艺工. 北京：中国劳动出版社，1996.
28. 马成云，等. 农学专业技能实训与考核. 北京：中国农业出版社，2006.
29. 赵凤艳，等. 农作物生产技术与实训. 北京：中国劳动社会保障出版社，2005.
30. 霍志军，等. 田间试验与生物统计. 北京：中国农业大学出版社，2007.

图书在版编目(CIP)数据

作物生产综合训练/薛全义主编. —北京:中国农业大学出版社,2008.3
ISBN 978-7-81117-289-8
普通高等教育"十一五"国家级规划教材

Ⅰ.作… Ⅱ.薛… Ⅲ.作物-栽培 Ⅳ.S31

中国版本图书馆 CIP 数据核字(2008)第 006071 号

书　　名 作物生产综合训练
作　　者 薛全义 主编

策划编辑 姚慧敏 丛晓红　　**责任编辑** 潘江琼 姚慧敏
封面设计 郑 川　　**责任校对** 陈 莹 王晓凤
出版发行 中国农业大学出版社
社　　址 北京市海淀区圆明园西路 2 号　　**邮政编码** 100094
电　　话 发行部 010-62731190,2620　　读者服务部 010-62732336
编辑部 010-62732617,2618　　出 版 部 010-62733440
网　　址 http://www.cau.edu.cn/caup　　**e-mail** cbsszs@cau.edu.cn
经　　销 新华书店
印　　刷 北京鑫丰华彩印有限公司
版　　次 2008 年 3 月第 1 版　2011 年 2 月第 2 次印刷
规　　格 787×980　16 开本　12.75 印张　229 千字
定　　价 19.00 元

图书如有质量问题本社发行部负责调换